雑に作る

電子工作で好きなものを作る近道集

石川大樹
ギャル電
藤原麻里菜

O'REILLY®
オライリー・ジャパン
Make:

はじめに

本書は、電子工作の作品を「雑」に作る方法を紹介する本だ。

なぜ、作品を雑に作る必要があるのだろうか。すべての作品は丹精込めてていねいに作られるべきではないか？　いや、実はそんなことはないのだ。

まずは、7つの「雑の極意」を紹介しよう。

「雑の極意」

一、気軽に作り始めること

一、完成度は低くてもまずは完成させること

一、見た目にこだわらないこと

一、1つの傑作より10の駄作を作ること

一、広く深く学ぶより、いま必要なことを学ぶこと

一、1つの技術で10作品作ること

一、「雑」をよいこととらえること

人はついつい、作品を作る前に「傑作を作るぞ！」と意気込んでしまいがちだ。そして実際に作ってみると想像していたようにいかず、途中で飽きて投げ出してしまう。工作あるあるのなかでもかなり上位にランクインするあるあるだろう。

そこで「雑に作る」の精神だ。長い期間かけて立派な作品を作るのではなく、3日で雑な小品を1つ作る。気軽に始めて、飽きる前に終わらせるのだ。そうすればあなたの作品集に1つ作品が増える。そしてそんな雑な作品をどんどん作り続けるうちに、いつのまにかあなたはいろんな電子部品の使い方を覚え、複雑な機構も組めるようになり、大作を作り上げるだけの実力を手に入れていることだろう！

だから、雑に作ることは決して悪いことではない。雑は完成への道し

るべであり、多作への推進力でもあるのだ。そんな「雑」な制作ノウハウを本書にはぎっしり詰め込んだ。

この本は特に初心者のみなさんに向けて、「2冊目に読む本」として最適なように作られている。入門書を読んで作例をまねした、ワークショップに参加して言われるままには作ってみた、だけどそのあとどうやったら自分の作品が作れるのかわからない……という人たちにとって、本書は大きな助けとなると思う。

さらに、自分の作品を作ってはいるけれども、なかなか数を作れない、本当はもっとたくさん作品を作りたいのに腰が重くなってしまう、というような方にもおすすめしたい。そういった人にこそ「雑」のマインドを取り入れてほしいのだ。

オリジナルの作品制作ができる本を目指したため、いわゆる入門書と比べるとそのまままねできるような具体的な配線図やプログラム例はかなり控えめになっている。そのかわりに、それをどうやって探したり、調べたり、考えたりしたらいいかをできるだけくわしく説明したつもりだ。単に作例を見てまねをするためのマニュアル本ではなく、サブタイトルにある通りにこれは「好きなものを作る」ための指南書だと考えてほしい。

まず本書の1章には、「いかに雑に電子工作をするか」のノウハウをまとめた。2章、3章では電子部品と電子工作の知識、4章では電子以外の「工作」についての知識をそれぞれ紹介したので、読んでいただくことでよりいろいろな作品が作れるようになると思う。

5章では多作のためのアイデア術やマインドセットについて、6章では作品をいかに完成させるか、そしていかに外部で発表するかに触れている。合間合間に各著者の電子工作観がわかるコラムもはさんだ。いずれも「雑」をうまく推進力として乗りこなすためのヒントになると思う。

僕はこれまで雑な電子工作をたくさん作ってきた。そして共著者のギャル電さんと藤原麻里菜さんはその同志である。しかしそのうち誰も電子工学の専門家ではないし、体系だった教育も受けていない。独学で技術のつまみ喰いを重ねて作品を作ってきた、初心者にとっての「ちょっと先輩」の立場だ。

本書の出版のきっかけは、ギャル電さんと藤原さんが2021年に出版した電子工作入門書にある。それを読んだ僕が「雑に作ってる人が先輩として教える側に立ったんだ」と感激、ブログに書いた。そこからMaker Faire Tokyo 2022において3人が参加したパネルディスカッションが実現、今回の書籍化につながった（そのブログとパネルの内容は本書巻末に収録）。

もちろん、電子工作において「雑」が万能なわけではない。電気屋で買った家電が雑に作られてたら困るし。

それでも、あなたが自宅で作って動画をSNSにアップする、それだけのための作品が「雑」であってはいけない理由はどこにもない。

まずは「雑」から始めよう。ようこそ、雑の世界へ。

石川大樹

雑な電子工作 安全の3ヶ条

雑といっても安全をおろそかにしていいわけではない。
最低限この3つを守ろう。

一、100ボルトの電源をいじらない

コンセントの電源を直接工作に使ったり、コンセントにさす機器を改造しないこと。

一、電源を入れたまま回路を触らない

回路をいじるときは電池・電源をはずすこと。

一、裸の充電池を使わない

リチウムポリマー電池、リチウムイオン電池を使わないこと。(モバイルバッテリーやニッケル水素電池はOK)

安全対策については46ページにもっとくわしい情報がある。あわせて読もう。

目次

11 1章 電子工作はこんなに雑にやっていい

12 〔F〕 サンプルコードは神からの贈り物
17 〔G〕 最低限学ぶ
23 〔I〕 マイコンもセンサーも使わずに作る
29 〔F〕 自分だけのマシーンを作るアイデア
33 〔F〕 とりあえずの想像図、完成図
37 〔G〕 雑工作のマイメン
42 〔F〕 むずかしい電子工作なしの作品作り
46 〔I〕 危険な目にあわないために
53 〔G〕 よくある失敗

59 2章 とりあえず買っておくといい部品たち

60 〔F〕 雑にいろいろできる部品：サーボモーター
64 〔I〕 雑にいろいろできる部品：リードスイッチ
69 〔I〕 雑にいろいろできる部品：チルトスイッチ
75 〔F〕 雑にいろいろできる部品：CdS セル
79 〔G〕 雑にいろいろできる部品：LED
88 〔I〕 サーボモーターについてもっと知ろう
94 〔I〕 いろいろな動きを作る
103 〔I〕 DC モーターと仲よくなる
111 〔I〕 なんでもタッチセンサーにしてしまえ
116 〔I〕 いろんなマイコンボード
123 〔G〕 材料の集めかた

133 3章 回路や電気についてもう一歩だけ知ろう

134 〔I〕 電源はどこから取る?
139 〔I〕 とにかく並列につないでいく
148 〔I〕 電圧と電流について覚えておきたいこと
154 〔I〕 テスターは測るだけじゃない
164 〔G〕 マジでよくある「動かない!」
169 〔I〕 雑に配線する方法
176 〔G〕 「分解」は電子工作の基本
182 〔I〕 市販の機器をコントロールしてみよう
188 〔G〕 雑に使えるハイテクノロジー
193 〔G〕 「怒られ」回避で平和に電子工作

201 4章 電子回路以外の工作テクニックもおさえたい

202 〔G〕 「鬼盛り」のススメ
208 〔I〕 工作に使える使いやすい素材
215 〔G〕 「接着スキル」の上達法
219 〔I〕 買い物しながら脳内設計
224 〔G〕 工作物を体に固定する方法

233 5章 どんどん作るためのマインドセット

234 〔I〕 1つの技術で10個の作品
239 〔I〕 機能から考える作品の発想法
245 〔F〕 インスピレーションを得るための気分転換
248 〔I〕 思いついたらすぐ作る

253 **6章** 完成・発表までは勢いで突き進む

254 〔F〕 発表までセットで考えるものづくり
259 〔I〕 ゴールは「うまく動いている動画」
262 〔F〕 スケジュールを立ててとりあえず完成
265 〔I〕 「そのうちやろう」問題に立ち向かう
270 〔I〕 1つの作品にこだわりすぎるな
274 〔I〕 イベントや発表会で作品デビュー
281 〔G〕 外出先での緊急修理法

コラム

130 マイコン工作でおなじみの部品たち
198 「電子工作と私」 藤原麻里菜
230 「電子工作とわたし」 ギャル電
251 「電子工作と僕」 石川大樹
287 「雑」も「ヘボ」も「失敗」も、ぜんぶ価値がある
——技術力の低さを愛でる「ヘボコン」のスピリット

付録

290 付録1 パネルディスカッション
「雑にやることが世界を変えるかもしれない」
302 付録2 ブログ「雑にやることが世界を変えるかもしれない」

石川大樹〔I〕

ギャル電〔G〕

藤原麻里菜〔F〕

1章

電子工作は こんなに雑に やっていい

サンプルコードは神からの贈り物

プログラミングができなくても マイコンを使えるようになる方法

藤原麻里菜

私はかれこれ9年くらい電子工作をやっているんだけれど、実はプログラミングがいっさいできない。回路も簡単なものしか組むことができなくて、じゃあどうやって作品を作っているのかというと、「サンプルコード」の書き換えだ。ここでは、サンプルコードの書き換えで、プログラミングができなくてもモーターを動かしたりセンサーを扱える……つまりロボットのようなものを作れるようになるやり方を書いていこうと思う。プログラミングができなくてもロボットが作れるのだ！

Arduinoってなんだ?

私はArduino（アルデュイーノ）というアイテムをよく使っている。Arduinoというのは「マイコン」と呼ばれるものの一種で、マイコンというのは小さなパソコンのような基板で……って、私もよくわかっていない。電子工作をするうえで、モーターを自由に動かしたり、センサーを使って作品を作ったり、そういうときにArduinoを使って、パソコンからプログラムを書き込むと、簡単に作品を作ることができるのだ。それくらいの認識でとりあえず大丈夫。というか、Arduinoって名前がむずかしい。電子工作を簡単にしてくれるアイテムなんだから、「らくらく電子工作くん」とかに改名してくれないだろうか。

Arduinoの最新版、Arduino Uno R4 Minima。いちばん標準的にはArduino Unoが使われている

電子工作のパターン

電子工作にはざっくり3つのやり方がある。もしかしたら、もっと多いかもしれないけれど、雑に分類したら、次の3つだ。

回路だけで作る

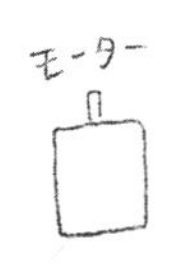

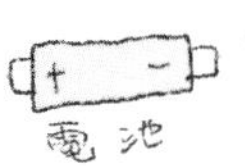

LEDをただ光らせるだけとか、モーターをぶんぶん動かすだけとか。そういうときはわざわざマイコンを使わなくても回路を組めば大丈夫。

マイコンを使ってプログラムで動かす

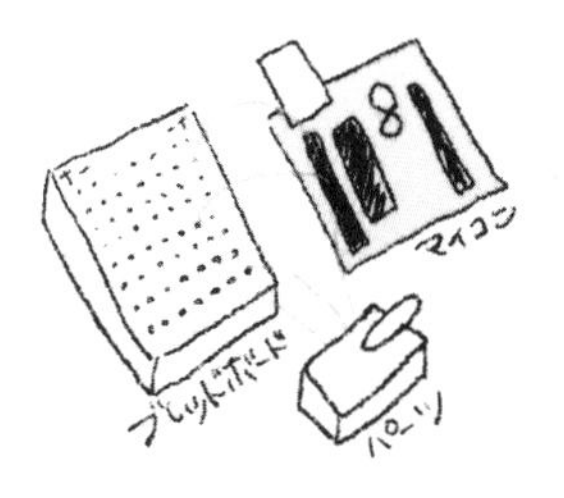

LEDを好きなタイミングで光らせるとか、センサーに反応してモーターが動くとか。そういうときは、マイコンを使って制御をすると簡単に電子工作ができる。

基板から作る

回路図を元にプリント基板を作って電子工作をする者たちもいる(173ページ参照)。俺たちにはまだ早い。

サンプルコードってなんだ？

で、マイコンを使うときは、「プログラム」（＝コード）が必要になる。あの英数字と記号がごちゃごちゃになっているよくわからないやつだ。あれがないと、始まらない。電子工作をするためには、プログラムが書けないといけない。しかし、イチから勉強するのは面倒くさい。そんなとき、サンプルコードを改造しよう。

Arduinoで言うと、ソフトウェア（Arduino IDE）の中に「スケッチ例」という項目がある（「スケッチ」というのはプログラムのことだ）。そこをクリックすると、サーボモーターの角度を変えるスケッチやLEDがチカチカ光るスケッチが入っている。

それをちょっと拝借して、角度の部分、例えば180度と元のプログラムに書いてあったら、そこを90度に変更してみる。とか、自分なりに改造してみるといい。センサーなどを使うときは、パーツの名前をネットで検索しよう。すると、製造元がサンプルコードを公開していたり、電子工作のスペシャリストたちが、自分が書いたプログラムを公開してくれていることもある。ああ、神よ。私なんかにこんなにすばらしい贈り物をくださって……と、なる。

うまく見つからないときは、英語で探してみよう。やっぱりどうしても、日本語の情報は少ない。英語で探すことで、情報の母数を増やすことができる。プログラミング言語は全世界共通。説明がわからないところは、「DeepL」とかで翻訳しながら理解を深めていこう。

サーボモーターのサンプルコードで Arduinoで動かそう

たとえば次ページのコードが、サーボモーターのサンプルコードだ。Arduinoのソフトウェアのメニューから「ファイル」→「スケッチ例」→「Servo」→「Sweep」を開くと出てくるやつだ。

```
#include <Servo.h>

Servo myservo;    サーボモーターの名前を名づける。特に変えなくて大丈夫


int pos = 0;    サーボモーターの最初の角度。特に変えなくて大丈夫

void setup() {
  myservo.attach(9);    サーボモーターをArduinoの9番ピンに接続する

}

void loop() {                                        Arduinoの電源
  for (pos = 0; pos <= 180; pos += 1) {              が入ったらサー
                                                     ボモーターが
                                                     180度回転する

     myservo.write(pos);    pos???? よくわからない
    delay(15);    15ミリ秒で回転。Arduinoはミリ秒単位なので、1秒が1000

  }
  for (pos = 180; pos >= 0; pos -= 1) {    180度戻る
    myservo.write(pos);    posってなんだよ
    delay(15);    15ミリ秒で回転
  }
}
```

このくらいのざっくりした理解でOK。〔F〕

Arduinoを使ったサーボモーターの回路

ジャンパワイヤーという部品を使って、Arduinoの穴（ピンと呼ばれる）とサーボモーターをつなげよう。

アップロード

サンプルコードをアップロードしてみよう。アップロードというのは、Arduinoにプログラムを書き込むこと。ArduinoにSweepのサンプルコードをアップロードする。そうすると、180度回転して、また180度

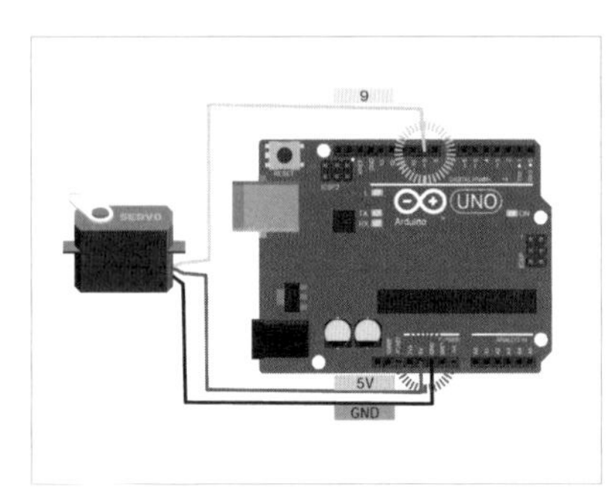

Arduinoとサーボモーターはこんな風につなげてみる

戻るといった動きを繰り返す。

　それを確認できたら、今度は、180という数字を90にしてみたり、110にしてみたり、5にしてみたりと、自分の好きな数字を入れて、またアップロードしてみる。delay(15)の部分も10000にしてみたり、5にしてみたり100000にしてみたりすると、動きが変わってくるのがわかる。

コードを書き換えて遊ぼう

　そして、こうやってサンプルコードをコピペして使っているとなにが起きるかというと、なんとなくプログラムの意味がわかってくるのだ。「delay」っていうのは、動く時間を変える部分なんだなとか。ここは、モーターの角度を変える部分なんだなあとか。プログラムをイチから書けなくても、見て判断することができるようになってくる。

　もし、変なところをいじってしまっても、爆発したりはしない。超最悪の場合は、Arduinoがショートして壊れちゃうことはあるかもしれないが、3,000円くらいのものなので、またお小遣いを貯めて買えばいい。とにかく尻込みせずにコードを書き換えて、遊びまくっちゃおう！

ある程度プログラム書けるようになってからも、いちいち自分で書くよりコピペのほうが早いのでサンプルコードは使い倒します。迷わず頼っていこう！〔I〕

最低限学ぶ

今は理解できなくても
必要なことだけ知ればいい

ギャル電

ギャル電が電子工作を始めたとき、まず何がわからないのかがわからなかった。インターネットや本で調べると情報はすごくいっぱい見つかるけど、書いてあることの意味がだいたいわからない。知らない用語もいっぱいあるし、プログラムのやり方もなんかむずかしくてビビるし、電気の回路図とかも何が書いてあるのか意味不明すぎる。
「最低限の基礎を理解してから始めよう！」って書いてあるけど最低限の基礎の範囲がそもそもわかんないし、このわからなさを全部解消してから作り始めたら寿命が終わりそう。ほかにもやりたいことあるし人生短すぎじゃん。

せっかく始めようって気持ちになったのに、最初からつまづいてテンサゲ⤵になっちゃった人向けに、電子工作で自分の作りたいものが作れるようになるための最低限の学び方をまとめたよ。

調べるための知識をとりあえず

ふつうのこと言うけど、まずは自分がいい感じだなって思う入門書を手を動かしながら読みな。電子工作のジャンルは幅が広くて深い。自分がやりたいなってイメージしている電子工作にたどり着くまでに、どういう知識が必要なのかを探すことがまずむずかしい。

インターネット検索でいい感じの作例を見つけて作りたいなって思っても、それを実行する環境までたどり着く方法が調べられなかったりする。検索をするのにも検索するための基礎知識がないと全然ピンとこない情報しか出てこなかったりする。

だから、めっちゃふつうのこと言うと、作りながら学べるタイプの電子工作入門書をまず1冊読んで、基礎知識をざっくり学ぶほうがいい。

入門書の選び方

入門書も自分がやりたい電子工作のジャンルによってけっこう内容に違いがあるから、大きめの本屋さんの工学書コーナーに行ってどんな種類の入門書があるのかを見たり、「電子工作　入門　本」とかのワードで検索して自分のバイブスに合いそうな電子工作入門書を選びな。

で、本を買ったらとにかく書いてある通りに作る！　とにかく素直に書いてあることを一通りやってみるのが超重要‼

この本にも自信をもって超使えるテク書いてるけど、ちょっと雑だから雑じゃない入門書もあわせて読んどいたほうがいいよ。ギャル電のおすすめは『Arduinoをはじめよう 第4版』（マッシモ・バンジ、マイケル・シロー著、船田巧訳、オライリー・ジャパン）だよ。

手順書を読むことを学ぶ

入門書にはたいてい手順書（作業の手順をステップで紹介しているもの）があるけれど、手順書を飛ばさないでちゃんと読むのは実はむずかしい。なんでかっていうと、自分のパソコンで表示される画面が手順とちょっと違かったり、リンクが切れていたり、意味不明なエラーで手順書の次の段階に進めなくなったりするから。

自分が手順書を書く立場になって超痛感したけど、すべての人のすべての環境で起こることを書くことは超むずかしいんだ。例外は絶対に起きる。

手順書で行き詰ったときに必要なテクニックは、「自分の環境の調べ方」（下記参照）をわかっておくことと、必要以上にパソコンのことを怖がらないこと。

自分の環境（パソコン）を最低限知っておく

パソコンにはOSっていうのがあって、Arduinoのプログラムを作るソフトウェア（自分のパソコンで動作する）の「Arduino IDE」が対応してるのは、Windows、Mac（macOS）、Linuxの3種類のOS。

Linuxはパソコンのことある程度わかってる人向けのOSでわたしはあんま使ったことないから、WindowsとMacを使ってる人向けに書くね。

それぞれのOSで最低限知っておいたほうがいいことは、「バージョンの調べ方」と「バックアップのやり方」の2つ！　ここではバージョンについて説明しておくね。

バージョンがなんで重要なのかというと、このOSやバージョンによって起こるエラーやトラブルの解決方法が変わってくることがあるからだ。質問したり調べたりするときにはこのOSとバージョンの情報があると、自分のほしい答えがめっちゃ見つかりやすくなる。

- Macの場合——リンゴのマーク（アップルメニュー）から「このMacについて」を選ぶとわかるよ。
- Windowsの場合——「スタート」をクリックしてスタートメニューを表示した状態で「winver」って入力すると、Windowsのバージョン情報がわかるよ。

Arduino IDEにもバージョンがあって、Arduino IDEを起動した状態で「ヘルプ」→「Arduinoについて」で確認できる。

入門書を読んでて手順の通りに動かない場合は、「(Arduino IDEのバージョン)（OSのバージョン）（エラーメッセージ）（できないこと)」(たとえば「ArduinoIDE2.1.0 Windows11 stray '\343' in program コンパイルできない」）みたいに、バージョンの情報を使ってできないことをインターネットで調べるといいよ。

アレンジしながら知識を増やす

入門書に書いてあることを一通りやってみたあとに、自分が作りたいものを一から作ろうとするとめっちゃむずかしい。インターネットでいい感じの作例を見つけて作ってみようとしても、急に知らない部品が出てきたり、慣れてる人には常識で知っていて当たり前じゃんってことで説明されない手順が出てきたりして、また知識不足の壁にぶちあたることがある。電子工作で使ったことがない部品を使うときには、1個ずつ使い方を調べて学んでいく必要があるよ。

電子部品の情報の調べ方（ハードウェア）

作例とかで知らない電子部品が出てきたときは、とりあえず「（部品の名前）（型番名）（Arduino）」とかのワードで検索して、同じ部品を使ったほかの作例の情報を調べてみる。複数の作品を見ると、だいたいどんな使い方ができる部品なのかがイメージできて理解しやすくなるよ。

さらに、「（部品の名前）（型番名）（データシート）」で検索すると、その部品の細かい情報が調べられる。最初のうちは、データシートに書いてあることが全然わからないからビビるけど、「定格・動作範囲」「ピン配置」とかの情報を、とりまチェック！

作例の情報とあわせて、マイコンボードのどういう種類のピンにつなげば動くのか、配線をどこにつなげばいいか、必要な電源は何かっていうことを調べよう。

電子部品の情報の調べ方（ソフトウェア）

電子部品をArduinoで使う場合は、先人が用意してくれたすばらしい「ライブラリ」ってやつを使わせてもらう。その電子部品を使うために必要なライブラリは、「（部品の名前）（型番名）（Arduino）（ライブラリ）」で検索すると調べられる。

検索して出てこなかった場合は、「（部品の名前）（型番名）（Arduino）（sample code）」で検索すると情報が探せる場合があるよ。

初回は動かない場合も多い

がんばって部品の情報を調べてチャレンジしてみても、初回は全然動かなくて途方にくれることが多いかもしれない。でも全然大丈夫！　ピンチはチャンス!!　というか、ここからが本番。

エラーメッセージや、思った通りに動かない内容を1個ずつ調べて解決していくのも電子工作の楽しいとこだよ！　動かないのは楽しくないって思うかもしれないけど、それを解決した瞬間は、簡単に一発で動くよりも超楽しい！　やってくうちにクセになるからがんばんな。

対策としてまずは、「(部品の名前)(型番名)(Arduino)(エラーメッセージ/できないこと)」を検索する。調べた結果で、これが近いかもしれないって手順を1個1個地道にトライアンドエラーで試してすぐ直れば超ラッキーだし、直らなかったらあきらめて別の部品や方法をまた新しく調べて試す。

とにかくまずは動かしてみて、動かないときに必要なところを調べていくことで、やり方がわかってくるよ。

情報の定期アップデート

楽をするための情報やモチベを上げて楽しむための情報を、定期的にアップデートしていくのも、やっときたいことになるよ。

便利な部品を探す

電子工作は同じ機能を作るのに、使う部品の組み合わせで難易度がめっちゃ変わることがある。

たとえば、「流れるLED 作り方」って検索すると、ArduinoにシリアルLEDテープを接続して流れるLEDのプログラムをコピペする方法、砲弾型LEDを1つずつ配線してPICでナイトライダー回路を作る方法の2つが出てくる（LED関連の情報は79ページも見てね）。どちらも「流れるLED」を実現できる方法だけど、使う部品もやり方も全然ちがう。

2つの方法のうちでは、前のほうが回路じゃなくてプログラムで光り方を変えるだけだから、圧倒的に簡単。自分のやったことない複雑な方法を一から試すのも楽しいけど、時間や心や脳に余裕がないときには、できるだけ簡単な方法を探したい。

電子工作は部品単体のものだけではなく、動かすのに必要な部品や機能が1つの基板にまとまっていて、複雑な機能を簡単に動かすことができる拡張ボードやドライバーモジュールってものがある。

自分がやりたい作例を検索してたくさんの部品を複雑な配線でする必要があったり、電源の取り方がむずかしかったりしたときは、やりたいことを簡単に実現できる部品がないかを調べてみよう。

「(実現したい機能) Arduino ドライバ」、「(実現したい機能) Arduino 拡張ボード」、「(使いたい電圧) Arduino (実現したい機能)」とかで検索するか、インターネット販売サイトや、電子部品屋さんの店頭、あとはイベントで自分がやりたいジャンルのイケてる作品作ってる人に推し部品を聞いてみるとかで、定期的に自分の興味ある電子部品のジャンルを情報収集するといいよ。

流行ってる新製品やテクニックにチャレンジ

電子工作を1人でやっていると、やりたいこと自体が見つからなくなることもある。

なんか飽きてきちゃったなってときは、SNSで同じジャンルの電子工作を作っている人やグループ、情報サイトとかをフォローして情報収集してみよう。ほかの人が今ハマっている新しい製品だったり、やったことないおもしろそうなテクニックがあるかも。流行りのものって、自分でチャレンジするのも楽しいよ。

おもしろそうだけどめっちゃ自分にはむずかしそう、って思っていたことが簡単にできるように設計された新製品や、驚きの裏技はブックマークしておいて積極的に試してみよう。少しずつできることが増えてくと、電子工作は楽しくなるよ！　みんなもやってみよ!!

「Make:」の日本語版(makezine.jp)と英語版(makezine.com)、Hackaday (hackaday.com)、Arduino Blog (blog.arduino.cc)、Hackster.io(hackster.io)を僕は見てます！〔I〕

マイコンもセンサーも使わずに作る

プログラミングなしで作品を作ることもできるんだ

石川大樹

最近の電子工作は、プログラミングと組み合わせてマイコンでいろんなパーツを制御するのが主流。でも工作するうえで、マイコンは絶対に必要なわけではない。工夫次第ではプログラムを書かなくても単純な仕組みでおもしろい作品が作れてしまう。

また、外からの入力に反応するインタラクティブな作品を作ろうと思うと、たいていセンサーを使わなければいけないと思いがち。でも、それだって工夫次第、アイデアがあればセンサーなしでもアイデア次第で実現できてしまう。

マイコンもセンサーも使わずに、シンプルな配線だけで作った作例をいくつか紹介しよう。

たたくと光るタンバリン

まずはこれ。

これは、次ページの写真のようにタンバリンに100均で買ったLED電飾を取りつけたものだ。配線の一部を切って、タンバリンの向かい合った2枚のシンバルに取りつけている。

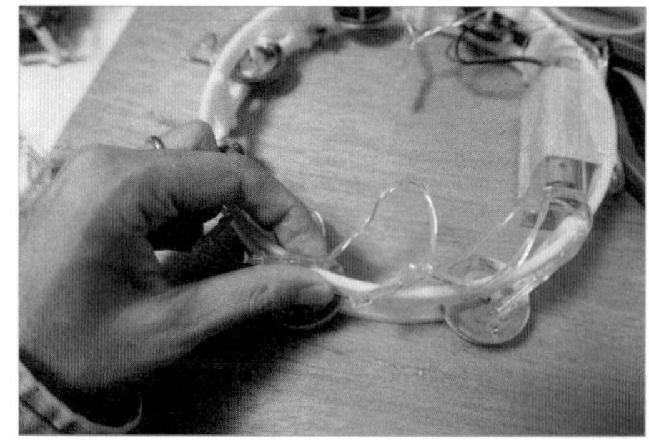

石川作品「光るタンバリン」

シンバルそれぞれに線をつなぎ、2枚が触れたらON、離れたらOFF

ふだんはLED電飾は消灯しているが、タンバリンをたたいたときに2枚のシンバルが触れ合うと、その瞬間だけ通電して電飾が光る。暗いところでたたくと、リズムに合わせてピカッ、ピカッ、と光るので楽しい。

これは、LED回路のスイッチをタンバリンのシンバルに置きかえたものと言える。電気を通す金属部品のあるものはなんでも、こうやってスイッチにするチャンスがある。鍋にオタマを入れると光るとか、ギターの弦に特製の金属のピックを当てると光るとか、いろんなアイデアにつなげられそうだ。

はずすと音が止まるヘッドホン

何かしらの配線がついているものであれば、途中にスイッチを作ることで、新しい機能を作り出すことができる。

このヘッドホンは、人に知られると恥ずかしい音楽を聴くためのヘッドホンだ。万が一、友達に「何聞いてるの？」ってヘッドホンを奪われても、自分の頭からはずれた瞬間に無音になる。

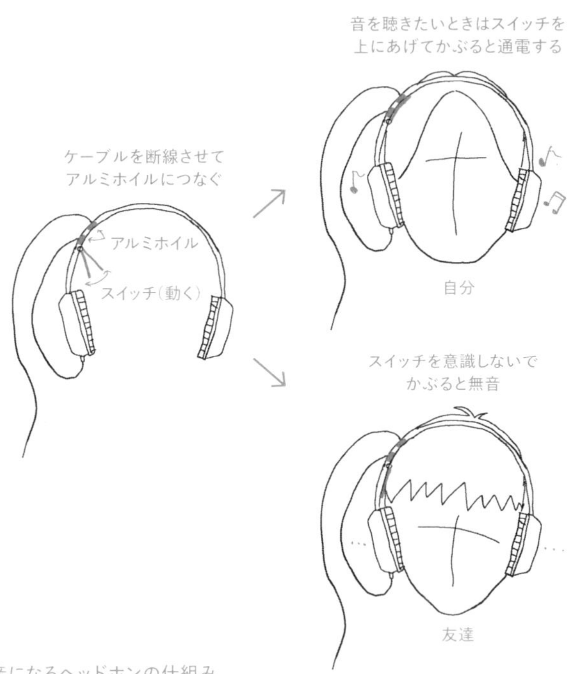

はずすと無音になるヘッドホンの仕組み

これも単純な仕組みで、ヘッドホンのオーディオケーブルを一部切断して、アルミホイルで作ったスイッチに接続している。自分がヘッドホンを使うときはそのスイッチがONになるように装着する。はずすと重力でスイッチが切れて、音が鳴らなくなる。

ちなみにステレオヘッドホンのケーブルは3芯で、それぞれL、R、GNDになっている。LやRを断線させても左右どちらか片方の音が切れるだけなので、GNDにスイッチをつけるようにしよう。

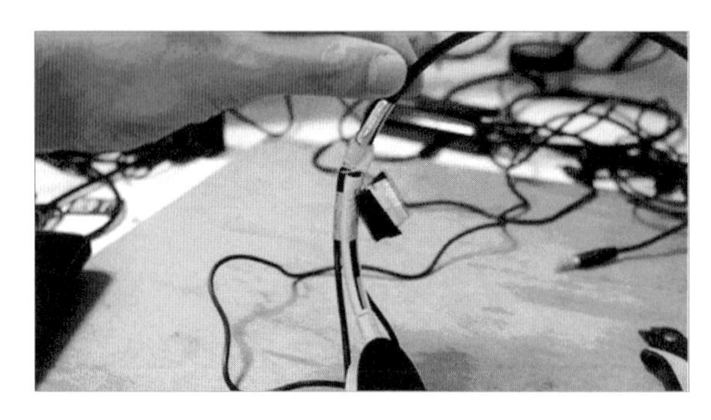

スイッチ部

接触をわざと不安定にさせたおもちゃ

次は、単純なON/OFFのスイッチではなく、接触不良の状態を利用したアイデア。

これは今でも僕がMaker Faireなどで販売している作品で、「Capsule Cheeper（さえずりカプセル）」という。

Capsule Cheeper
（さえずりカプセル）

カプセル内が上下に仕切られていて、上半分は「555」というタイマーICを使ったブザー回路になっている（インターネットに載っていた回路図をそのまま流用したものだ）。そのブザー回路の一部を切断し、下半分につなげている。

そして、下半分に入っているのは針金。カプセルを持って振ると断線した部分に針金が当たってつながったり、はずれてまた断線したりする。つまりわざと接触が悪い状態を作り出して、単純なブザー回路で鳥のさえずりのようなノイズ音を鳴らしているわけだ。

電子工作としては何も複雑なことをしていないのに、予想のつかない音が出たりしておもしろい。センサーを使っていないのに振動に反応するのも、この作品の興味深いところだと思う。

下半分に入っている針金が偶然つながると音が鳴る

点滅LEDのリズムマシン

最後に、ギャル電が作った小品。

自己点滅LEDという、中にICチップが入っていて、電池につなぐだけで勝手に点滅してくれるLEDがある。そのICチップの発振を音に変換して聴くというもの。LEDの点滅に合わせて「ビビッ、ビッ、ビッ」という感じで小さな音が鳴る。

ギャル電作品「自動点滅LEDを使ったリズムマシン」

発振を音に変換というと高度なことをしているようだけど、単にスピーカーをつないでいるだけだ。対象がLEDということもあって、光と音が同期するのもおもしろい。

なにか信号が出ているところに圧電スピーカーをつなぐとけっこう音になるので、いろいろ試してみてもおもしろいもしれない（たとえば、ArduinoのServoライブラリのサンプルプログラム「Sweep.ino」を使って、GNDとデジタルピン9番に圧電スピーカーをつなぐと音が鳴るぞ）。

こんな感じで、マイコンもセンサーも使わなくても意外とおもしろい作品が作れてしまうことがわかってもらえただろうか。また、69ページで紹介しているチルトスイッチやリードスイッチも同じような感覚で使える部品なので、あわせて参考にしてみてほしい。

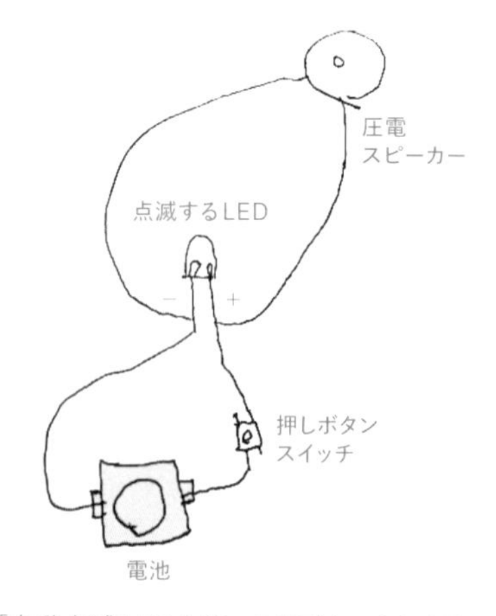

「自動点滅LEDを使ったリズムマシン」の配線図。音を鳴らすだけならスイッチはなくてもOK

この作品は「Evil Mad Scientist Laboratories（イービルマッドサイエンティスト研究所）」というサイトのプロジェクト、「Does this LED sound funny to you?（このLEDはヘンな音がする?）」からヒントをもらったよ。サイトにはほかにもおもしろプロジェクトがあるから見てみて。〔G〕
evilmadscientist.com

自分だけのマシーンを作るアイデア

からだの動きをモーターやセンサーに置きかえてみる

藤原麻里菜

工作のアイデアを考えるとき、マシーンの動きから考えることもできる。サーボモーターのだらだらした動き、モーターのびゅんびゅんした動き。そういった動きを自分の身体で表現して、インスピレーションを得よう。小さい頃、雲を見てその形が何かを想像する遊びをしなかっただろうか。それと同じで、動きから連想していろんなことを考えてみると、あっと驚くアイデアが湧いてくる。

このページはおそらく、サーボモーターやモーターは動かせるんだけど、「これで何を作ったらいいんだ！」という人に向けたものになる。そうそう、モーターを動かせるようになったはいいが、何を作ったらいいかわからないんだよね。でも、いろんな動きをレパートリーに加えたら、自分だけのマシーンが作りやすくなる。

まずは自分の身体を使おう

サーボモーター

自分の腕をサーボモーターとして、ぶらんぶらん動かしてみよう。時計のようにも見えるし、象の鼻みたいにも思える。その調子。どんどん想像力を働かせて、これが何に見えるか考えてみよう。ぶらんぶらんしたまま、机の上にあるものに当ててみよう。ペットボトルが倒れた。ペットボトルを倒すマシーンが作れるかもしれない。ぶらんぶらんしながら寝っ転がってる猫に手を当ててみると、ちょっと喜んだ。猫をなでるマシーンが作れるかもしれない。

じゃあ、今度は手を高く上げて、ぶらぶらしてみよう。タクシーを呼んでいるようにも見える。タクシーを呼ぶマシーンを作れるかも。横に手を広げてぶらぶらしてみよう。何かを拭いているように見える。窓拭きしてくれるマシーンが作れるかも。メガネを拭いてくれるマシーンだったら、作るのが簡単そうだ。

DCモーター

じゃあ次は自分の身体をDCモーターにしてみよう。手のひらをくるくるくるーと回してみる。何かをかき混ぜているように見える。コーヒーをかき混ぜるマシーンが作れるかもしれないし、それは納豆をかき混ぜるマシーンかもしれない。鼻のところに持っていったら、こよりで鼻をほじほじするマシーンができるかも。

こんな風に身体を使ってアイデアを考えていくことができる。自分の身体でできることをマシーン化するのは、楽しい。それがマシーンの醍醐味でもある。どんどんオートマティックにしていこう。

センサーを使おう

センサーも動きから考えることで、アイデアを出しやすくなる。センサーごとにいろんな動きを使うことができる。

光センサー

光センサーは、光の量によって抵抗値が変わるセンサーだ。手を近づけたら抵抗値が変わって、それに応じてモーターが動いたりLEDが光ったりする。「近づく」をキーワードに考えると思いつきやすい。たとえば、顔（ガン）飛ばしとかどうだろうか。おでこに光センサーをつけて、顔（ガン）を飛ばし合うとLEDがちかちか光って盛り上げてくれるとか。何かに近づく状況を想像して、アイデアを出してみよう。

曲げセンサー

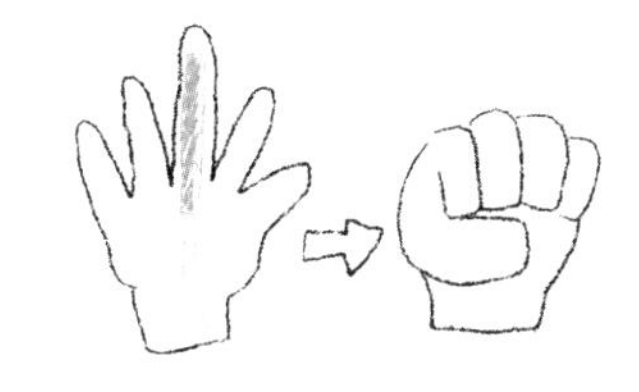

曲げセンサーは、薄い板状になっているセンサーで、曲げることで抵抗値が変わるセンサーだ。これは考えやすい。たとえば、手に装着して曲げてみる。グーパンチをするときに必殺技の音が鳴るようにするとか……そんなことを想像することができそうだ。今回は手で考えてみたけれど、生活の中にはいろんな曲げる状況がある。お辞儀をするときだってそうだし、ドアにつけたら、ドアの開閉で曲げセンサーを使うこともできそうだ。曲げるをキーワードに考えてみよう。

距離センサー

距離センサーは、その名の通り、距離を測れるセンサーだ。近づいたり、逆に遠くなることで、それをトリガーにしてモーターを動かしたり止めたりすることができる。私は以前、距離センサーを使って犬のおもちゃを改造して、近づいたら逃げ、遠いところにいると寄ってくるようにしたことがある。こんな感じで、何かに近づくときを想像すると、距離センサーを使ったアイデアが浮かんできそうだ。

動きから考えるということ

アイデアは頭の中でうーんと唸ってもなかなか出てこないものだ。何かきっかけがないと出てこない。そのきっかけを作ってくれるものの1つが動きだと思う。電子工作を学んだはいいけれど、この技術で何を作っていいのかわからない……そんなときは、動きに注目してアイデアを出してみよう。きっと、雑でおもしろいアイデアがたくさん出てくるに違いない。

とりあえずの想像図、完成図

ひらめきやアイデアを自分なりの絵にしておこう

藤原麻里菜

設計図と聞くと、なんだか緊張する。でも、ものづくりにおいて、設計図はかなり重要な役割を持つ。といっても私は工作するとき設計図を描いたり描かなかったりと曖昧な立場にいるんですが。でも、描いたほうが絶対にいい。というのも、頭の中を整理するためだったりとか、描かずに作るとあとで「これって実現可能なの？」という問題が出てきたり。あとは備忘録的に使うこともできるからだ。

スケッチブックを用意して、設計図を描いてみよう。設計図というとかしこまった感じがするから、完成予想図にしておこうか。そこまで緻密に描く必要はない。雑で大丈夫。ここでは、この本を書いているメンバーたちの設計図を見ながら「こんなに雑でよいのか」とみなさんを安心させたい。

とにかく自分がわかればいい

次ページの図は石川さんの作品の完成予想図なのだが、本当になんのことだかわからない。味噌汁、ポンプ、鉄格子という文字とふにゃふにゃの線が描かれているだけで、情報がまったくない。石川さん曰く、これは「鉄格子に味噌汁をかけ続ける脱獄マシン」の完成予想図だそうだ。マシーン名を聞いてもなんのことだかわからない。でも、石川さんはこれを見て、こういう機構でこうやって味噌汁を……と理解しているのだ。

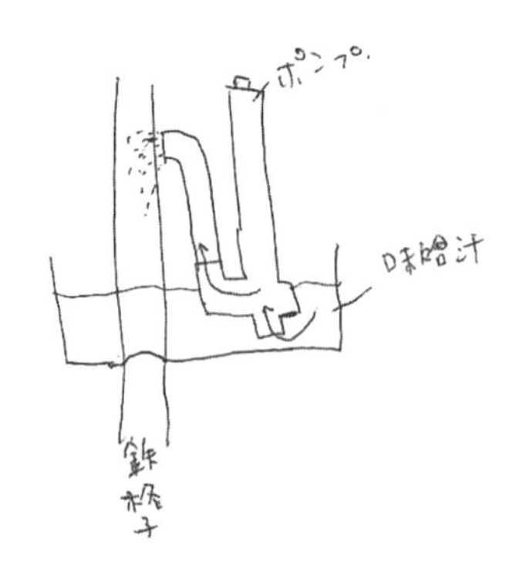

当時は有用なメモだったんだと思うけど、正直いま見ると自分でも全然わからない。そのレベルの画力とていねいさでいいです！〔1〕

ちょっとかわいく描いてみる

これは私の「リアル犬」という作品の完成予想図だ。見てください。この犬の顔。かわいいでしょ。完成予想図には、かわいさを足すとよくなる。あと、右側にロゴがあると思う。ちょっと見切れちゃっているけれど。こういうロゴを作るというのもモチベーションを高める秘けつの1つである。ちなみにこの予想図通りに作ったら、犬の重さでミニ四駆がまったく動かなくなったりとトラブルが起きたので、完成予想図はあくまでも予想にすぎない。これ通りに作ろうとせずに、トラブルが起きたら柔軟に対処しよう。

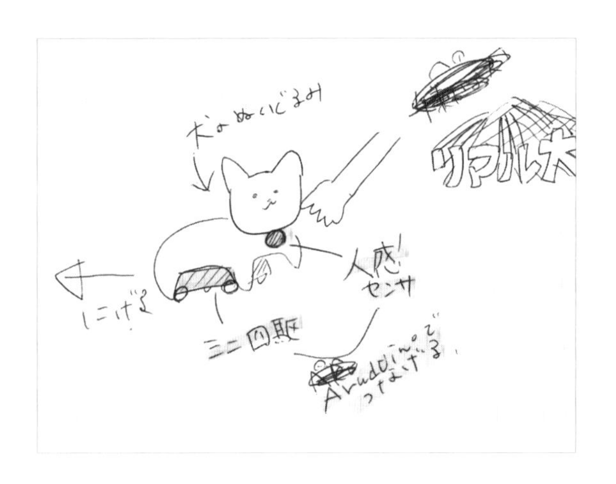

自分を描く

これは、ギャル電作品の完成予想図。このように、ウェアラブルデバイスを作るときは、自分を描くのが大切になってくる。ギャル電さんはサンバイザーをいつも被っているので、それがデフォルメされて描かれているのがいい。また、にっこり笑顔なのも素敵だ。

そして、これが私の作品の完成予想図。髪についた芋けんぴを取ってくれるマシーンなのだが、顔が無表情だ。私の描く完成予想図はだいたい無表情なのだが、こういうふうに自分をデフォルメして描いていくと、愛着を持つことができる。

パワポで作る

次ページの図は、石川さんの作品の完成予想図。パワポ（Microsoft PowerPoint）で作ったらしく、最初のものと比べるとかなりわかりやすくなっている。人に伝えたいとき、たとえば何人かで1つの作品を作るときなんかは、パワポを使うのもアリかもしれない。

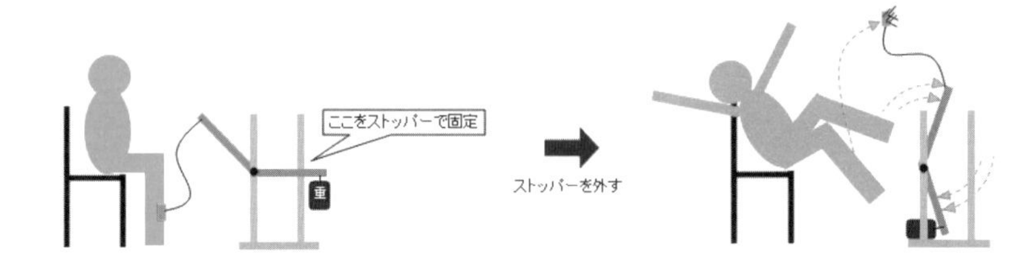

完成予想図に必要なもの

ここまで三者三様の完成予想図を見てもらった通り、いろんな描き方がある。正解はこれ、というものもない。自分だけに伝わる。それが一番だ。ただ、時間が経って見返したときに「これどういうこと？」と未来の自分には伝わらないときもある。そのときの自分に伝わればOKということで。

私の場合は、方眼紙に青いペンで描くことが多いけれど、たまにiPadで描いたりもする。石川さんやギャル電さんを見る限り、そのへんにあった紙に好きなペンで描いているように見える。つまり、なんでもよいということだ。ポイントとしては、2色ペンを使うことで、一気にわかりやすくなるのと、見栄えもよくなるというところ。みんなもまねしてみよう。

イラレ（Adobe Illustrator）などが得意な人はパソコンで作ってもいいと思うし、自分が管理しやすい、見返しやすい方法で作るのがいちばんいいと思う。絵心がなくても大丈夫。とりあえず自分の絵で描いてみよう。

HOW TO

雑工作のマイメン

使いやすい道具を見つけて 工作の第一ハードルをクリア

ギャル電

電子工作を始めるときの第一のハードルは、必要な道具や材料を集めること。

入門書によって紹介している必要な道具のラインナップが微妙に違かったり、同じ道具でも値段や機能もいろいろある。そもそも使い方もあんまりイメージできないのに、「全然選べない！」ってなるよね。

電子工作を続けていて「これが自分のスタイルにあった基本のマイメン！」ってギャル電が思っている工具や道具、材料とかを、このページでは紹介するね。

ギャル電の場合のマイメン

作りたいものや電子工作のスタイルによって、使いやすい道具や工具のメンバーは違ってくる。

最初は何かを作るごとに毎回必要な道具を買い足しながら、「自分が使いやすいな」って道具や材料を増やして、マイメンを探していこ！

現在のギャル電のマイメンはこんな感じ。

工具	・温度調節できるはんだごて ・はんだ台(こて台)(スタンドタイプ、折り畳みタイプを使いわけ) ・はんだ線(有鉛) ・はんだ吸い取り線 ・ワイヤストリッパー ・ホットボンド(高温タイプ、低温タイプの使いわけ) ・ハンドドリル(ピンバイス) ・100均のドライバーセット ・精密ピンセット(1,000円くらいのやつ) ・ハサミ ・カッター ・2,000円くらいのいいニッパー ・100均のニッパー ・500円くらいのラジオペンチ(アクセサリー用) ・100均のラジオペンチ(先が細めのタイプ) ・セメダイン「スーパーX」 ・100均の工具コーナーの無地マスキングテープ
電子部品	・マイコンボード(DigiSpark互換、Arduino Nano互換、ESP32-DevKitC) ・3芯ビニール電線 ・シリアルLEDテープ(WS2812B) ・粒LED ・音センサー(MAX4466) ・超音波距離センサー(HC-SR04) ・スイッチ
電源	・モバイルバッテリー ・コイン電池(CR2032) ・9ボルト電池
その他材料	・服、バッグ、帽子、サンバイザー ・プラ板 ・アクリル ・プラモデルのパーツ ・車用ラッピングフィルム ・デコシール

ギャル電は、LEDを使った身に着けられるものを作るのが好き。だから、軽くてハサミやカッターで加工できる材料をメインに使うことが多い。ネジとか木材とか鉄とかはあんまり使わないから、ゴツめ工具はあんまり持ってないよ。

工具ってどうやって選べばいい？

めっちゃ人によると思うんだけど、ギャル電はぶっちゃけ、工具は予算とフィーリングで選んでる。

ネットで工具の名前で検索して、予算の範囲内で見た目が好きなやつや機能が気になるやつを何個かしぼって、レビューとかもけっこうチェックする。刃物系は、ちょっと値段が高いほうが切れ味がいいやつが多いよ。

最初からいい道具を買ったほうがいい？

最初からいい道具でやったほうがよいかの問題もあるけれど、基本は自分がほしいなって思ったときに買ったらオッケー！　値段は安くても、だいたい作業できててストレスなければそれでいいじゃん。

でも、はんだ付けが必要な工作をやりたい場合、はんだごてだけは温度調節ができるセラミックヒータータイプを買ったほうがいいよ。ニクロムヒータータイプのはんだごてはセラミックヒータータイプより安いんだけど、コテ先の温度が上がるまで時間がかかるし、温度が安定しづらい。初心者がニクロムヒータータイプのはんだごて使うと、めちゃめちゃはんだ付けの難易度が高くなってだいたいテンサゲ↓になっちゃう。もし今、はんだ付けが得意じゃないなって思ってる人ははんだごてが原因の可能性があるから、温度調節できるセラミックヒータータイプのはんだごてを1回試してみてほしい‼

そのほかの道具は安いほうがいろいろ気にしなくてよくて、使いやすいって場合もある。

100均の安いニッパーは、雑な工作にめっちゃおすすめ！　なんだかよくわからない硬いものを無理やり切るとか硬いものをむしり取るとかの刃がダメになっちゃってもいいやっていう作業で大活躍するよ。

マイメンのアップデート

自分の電子工作のスタイルがだいたいわかってくると、もっと使いやすい道具がほしくなることがある。作業するときに「なんかこれ苦手だな」って感じたら、それはアップデートのチャンス！

今使っているのと同じ種類の工具で機能や性能の上位版を探してみたり、電気使わないタイプの工具を使っている場合には、電動や自動で同じ作業ができるものがないかをチェックしてみるといいよ。

みんなのマイメンを聞いてみよう

ギャル雑誌には、読者モデルが最近リアルに使ってるメイクやスキンケアの道具一覧を紹介するページがある。まねしたいなってメイクだったり、自分がふだんしているのとは系統が違うメイクはどういう道具が使われてるのか、リアルなその人ごとのこだわりを見るのが、めっちゃ楽しい。

電子工作雑誌にはマイメン工具特集とかのページは今のとこあんまりないんだけど、ブログやSNSにはけっこう推し工具情報があるよ。メイクと同じで「ここはブランド品じゃなきゃダメだけど、ここはプチプラでもぜんぜんオッケー！」みたいなメリハリを知るのはけっこうおもしろい。たとえば、この本の共著者の石川さんに聞いた雑工作のマイメンは、こんな感じ。

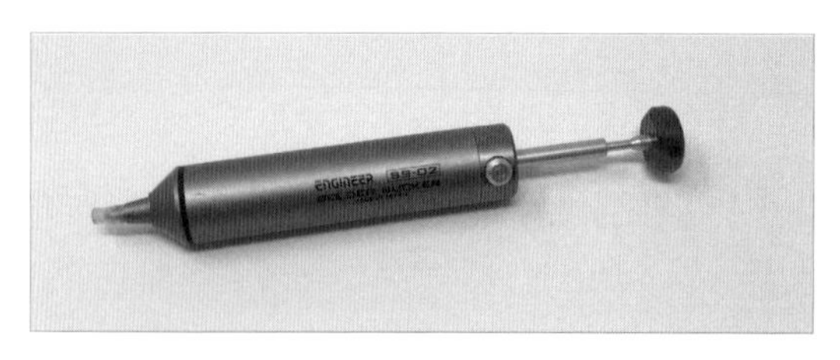

エンジニアのはんだ吸い取り器

はんだ吸い取り器、楽しくて好きです。昔はHAKKOのでかいやつを使ってたのですが、これに変えたらコンパクトでよかった。〔I〕

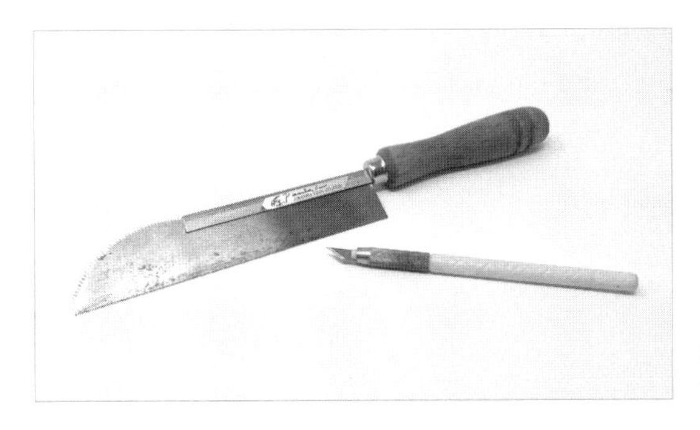

ピラニアのこぎりはピラニア・ツールのピラニアII鋸PS-1

デザインナイフって最初カッターと同じじゃんと思ってたけど、歯が鋭角なので紙とか薄くて細かいもの切るときは切りやすいですね。厚かったり硬かったりでデザインナイフやカッターだとツラいものはすべてピラニアのこぎりで切ってます。その前は300円くらいの安い金ノコを使ってました。〔I〕

はんだ吸い取り器は、はんだをミスったときやはずしたいときに使うツール。熱したはんだをピンポイントでシュッと吸い込むときれいにはんだをはずせるから、バッチリ吸い込みがきまるとたしかに超楽しそう！　ギャル電はマイメンの中にのこぎり系はないけど、デザインナイフとカッターとピラニアのこぎりの使いわけの感じ、超わかりみ。

道具がいろいろあっても毎回細かく使いわけをするとか、慣れてくるとあんまりしないよね。使ってて、「これあればだいたい自分のいつもの工作はできるかな」って思うものがあれば、それがマイメン。そんな「自分の味方」って思えるマイメンがあると、作るときには超心強い。

みんなも雑工作のマイメンを探してみてね！

むずかしい電子工作なしの作品作り

市販のものをくっつけて完成させてしまう

藤原麻里菜

回る機構がほしい。そんなとき、モーターを使った回路を一から作るのではなく、市販の品を使って、どうにか作っていくという手がある。むずかしい電子工作をしなくても、お店で売っているおもちゃや調理器具などを使えば、簡単に作品を作っていくことができる。光るものもそうで、LEDライトを使ってプログラムを書いて……とやるのではなく、100円ショップに売っているライトを転用してみたり、カラフルな色が出るミラーボール型のおもちゃを使えば解決しそうだ。

電子工作を始めると、どうにかゼロから作ろうと試行錯誤しがちである。もちろんそれも経験や学びのためには大切なんだけれど、ゼロから作ることを重要視せずに、思い切って買っちゃえ！

回る機構

くるくると回る機構を使いたいとき、モーターを準備して、歯車を作って……とやるよりかは、市販のものを使ったほうが早い。

たとえば、物撮りで使うターンテーブルなんかはどうだろうか。ギヤが使われていてゆっくりとくるくる回る。あとは、家庭で回転寿司ができるおもちゃとかもいいかも。

高速回転がほしいのであれば、電動ドリルを使うといいかもしれない。電動ドリルの先に回したい物をガムテープか何かで巻きつけてぐるぐる回す。制御をしたい場合は、電動ドリルのスイッチにサーボモーターを取りつけて押すようにすれば、Arduinoで制御できる。私は電動ノコギリの先にマネキンの手を取りつけて、上下運動をさせ、「隣人がうるさい時に高速で壁ドンできるマシーン」を作ったことがある（ただ威力が強いのであつかいには注意が必要だ）。

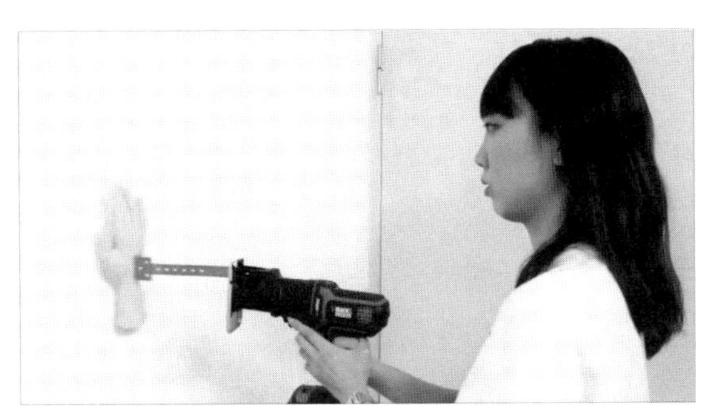

藤原作品「隣人がうるさい時に高速で壁ドンできるマシーン」

光るもの

光るものはこの世にけっこうあふれている。LEDテープやチップLEDなどを使ってArduinoで制御するよりかは、100円ショップに売っているライトを使うといい。さっきも言ったように、制御したい場合は、サーボモーターでスイッチを押すようにすればいい。また、Amazonを検索してみると、超ルーメン数が高いライト（たぶん工事用に使われるんだと思う）なども売っていて、工作のアイデアになる。私はそれを使って、「股間がキラキラに光るマシーン」を作ったことがある。

また、ちょっと高いけど、Philips HueなどのIoT電球を使うのも手だ。IoT電球とは、インターネットに接続して、アプリなどで操作できる電球のこと。すごく便利で、「IFTTT」というネットサービスとつなげることができて、工作の幅が広がる。私はTwitter（現「X」）で特定のつぶやきが投稿されたら、ライトをつけるといった使い方をしていた。「別れましたとつぶやかれるたびに光るライト」という作品だ。性格が悪い。

藤原作品「別れましたとつぶやかれるたびに光るライト」

飛ぶもの

飛ぶものをゼロから作るのはなかなか至難の業だ。なので、飛ぶものを作りたいときは、市販のものに頼ろう。ドローンも安価なものがたくさんある。でも、この前すごい安いドローンを見つけてネットで買ったら、まったく飛ばなかったので、安すぎるものには注意だ。また、ヘリコプターのラジコンもある。こういったものを使って、何かとくっつけるだけで工作になる！

走るもの

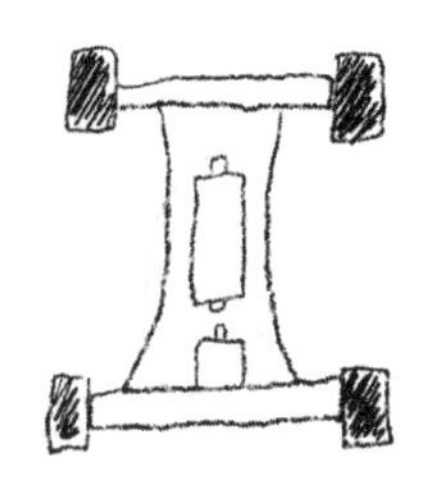

モーターを使って走るものを作るのもむずかしい。私はよくラジコンを使う。たとえば「永遠にレッドカーペットの上を歩けるマシーン」を作ったときは、ラジコンの先にレッドカーペットの端っこをくっつけて、ラジコンを操作することで、レッドカーペットを引き出す仕組みを作った。制御したい場合は、ミニ四駆を使うといいかもしれない。イチから自分で組み立てるので、どこをどうArduinoなどにつなげたらいいのか、わかりやすい。また、タミヤのキットもおすすめだ。小中学生向けの工作キットで、歩くロボットや走る車、ロープウェイ、パ

ンチするロボットなどなどいろいろな機構があって、カスタマイズして工作しやすい。

車のおもちゃでも速いのと遅いのがある。速いのがよければミニ四駆、遅めがよければダイソーのモーター入り電車がおすすめ。〔I〕

藤原作品「永遠にレッドカーペットの上を歩けるマシーン」

市販のものを使おう

ゼロから作ることに喜びを感じる人もいると思う。そういう人を否定しているわけじゃないんだけど（それは、すばらしいことだと思う）、工作には市販のものをくっつけて、とりあえず完成とさせるという雑さも大切だ。おもちゃ屋さんに行って、「この機構がこの値段で手に入るのか！」という新しい楽しみが生まれたりもする。ぜひ、もうちょっと工作をすることを楽に考えてみてほしい。

市販のものをモーターやリレー、フォトカプラでコントロールする方法については182ページで説明しています。〔I〕

HOW TO

危険な目に
あわないために

雑だからこそ「安全」には目配りすべし

石川大樹

電気はモーターを回したりマイコンにプログラムを実行させたりできる便利なものだけど、反面で人を感電させたり家を火事にしたりする凶悪な一面も持っている。

そんな言い方をするとちょっと身構えてしまうかもしれないけど、実際には電気とうまくつき合うのはそんなにむずかしいことではない。ふだんは気のいい親切な友達も、こちらがあまりにひどい態度を取れば怒ってけんかになってしまう。それと同じで、電気はこちらが無茶をしたときだけ荒ぶってくるのだ。ふだんは気さくでいいやつ。

ここでは、特に初心者にとって、電気とうまくつき合うために守りたい約束ごとについてまとめよう。

安全の3ヶ条

本書の冒頭、6ページで「安全の3ヶ条」を紹介した。これは初心者のうちは絶対に守ってほしい基本のルールなので、最初にくわしく説明しておきたい。

100ボルトの電源をいじらない

家の壁についているコンセントを、これは指している。100ボルトは非常に高い電圧なので、つなぐものによっては燃えたり爆発したり、また手で触ると感電の可能性もあり、悪い意味でもパワフルである。100ボルトを使った工作はやめておこう。

具体的には、直接コンセントにさすような機器は自作しないようにしよう。それに、100ボルト電源の家電……たとえば掃除機とかドライヤーとか、そういうものを改造するのもやめるべきだ。

また、機器側でなく壁のコンセントをいじるのは別の意味でNGだ。設備工事には電気工事士の資格が必要で、資格を持たない初心者がやるのはたとえ自宅であっても違法だからだ。

ACアダプターを使って5ボルトとか3.3ボルトとかの電源をコンセントから取るのは問題ない。その場合は、触っていいのはACアダプターからこっち側だけだ。ACアダプター自体の改造もやめたほうがいいだろう。

電源を入れたまま回路を触らない

雑に工作をやっているとトライ＆エラーで何度も回路を修正することになるが、回路を触るときは必ず毎回電源を遮断するようにしよう。ブレッドボードの作業中にジャンパワイヤー同士が意図せず触れあってしまうことはよくあるし、2芯のケーブルをニッパーで切ろうとしてニッパー経由で通電してショートしてしまうなんてこともある。とにかく作業中は予期せぬことがたくさん起こるのだ。電源さえ遮断しておけば、何があっても安心。

電源の遮断を簡単にするために、スイッチ付きの電池ボックスを使うとよい。ACアダプターを使う場合も、スイッチ付きの電源タップを使うと便利だ。

既存の機器を分解や改造するときも同じだ。必ず電池やACアダプターを抜いて作業しよう。

裸の充電池（リポ電池／リチウムイオン電池）を使わない

電子部品屋に行くと、四角くて薄い充電池（リポ電池。略さずに言うとリチウムイオンポリマー電池）や、円筒形の充電池（リチウムイオン電池）が売られている。モバイルバッテリーなどと比べて安価なためうっかり買ってしまいそうになるが、不適切な充電方法で発火するリスクがあるため、素人が手を出してはいけない。

実はモバイルバッテリーの中にもこれらのリポ電池が使われているが、メーカーがちゃんと設計した制御回路を内蔵しているから安全に使えるのだ。生の充電池を雑に使うのは火事まっしぐらなので、絶対やめよう。

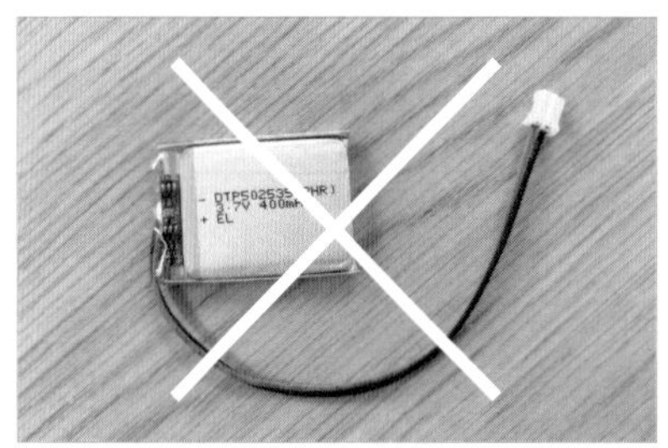

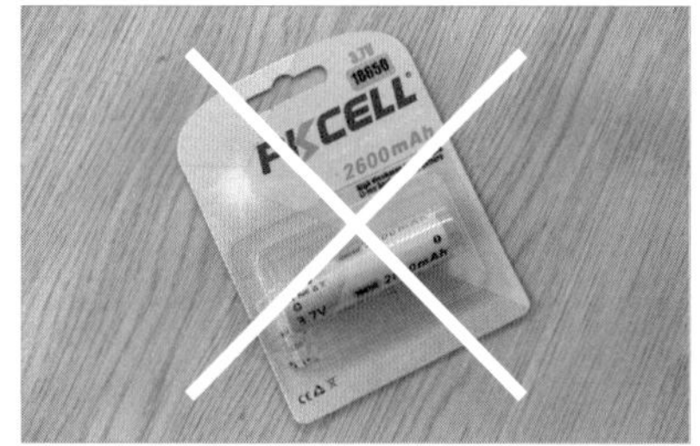

こいつらは危険だ。雑工作者が安易に手を出してはいけない

安全面もマジそれなーなんだけど、さらに裸のリチウムイオン電池は捨てるときに自治体によってめっちゃめんどくさいよ!!　劣化してふくらむと、さらに回収難易度と危険度が無限大アップ⤴⤴〔G〕

ほかにもある安全の法則

残念ながら、以上の3つを守れば絶対・完璧に、安全というわけではない。自分や共著者のみんなが作業中に意識していることを箇条書きで紹介しよう。

組んだ回路がうまく動かなかったらすぐ電源を遮断する

どこかがショートしているかもしれない！　原因を探る前に安全確保を第一に。

配線をちゃんと絶縁する

銅線同士のつなぎ目など中身が露出する箇所は、必ず熱収縮チューブ等でふさぐこと。テープを巻くのでもOK。

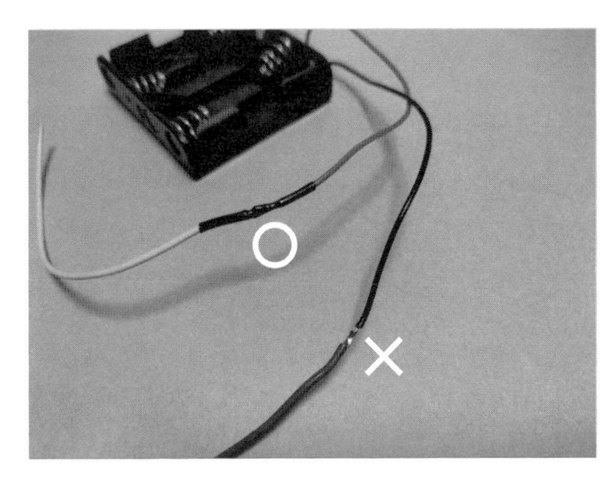

熱収縮チューブははんだ付けする前に通しておかないと、後からは差し込めないので注意！

電源はちゃんとしたものを使う

信頼できるメーカーのものでない、怪しいモバイルバッテリーやACアダプターを使わない。友人が安物電源ユニットから出火してアトリエを燃やしたという話も聞いた。PSEマークがついているものが推奨だ。

右下の四角で囲まれた部分の左上にあるのがPSEマーク

むき出しの電池を輸送／保管しない

電池を適当にカバンや引き出しに突っ込んでおくと、たまたま小銭やクリップ等の金属に触れてショートすることがある。特に9ボルト電池がやばい。マスキングテープなどで端子部分を絶縁しておこう。

作業するときはメガネをかける

なにかと破片は飛びがち。ゴーグルみたいな安全メガネがベストだけど、ふつうのメガネでも、ないよりずいぶんマシ。

強い熱や光を出すものを分解してはいけない

電子レンジ、ブラウン管のテレビ、使い捨てカメラ（のフラッシュ）など。電源をさしていなくてもコンデンサー内に残留電圧がある場合があり、危険。

電動工具を使うとき、加工物をしっかり固定する

たとえば電動ドリルで固いものに穴をあけるとき、加工対象のほうが回っちゃうと手や体が巻き込まれて危険！　万力を使うか、最低でも逆の手でしっかり押さえよう。

酔っぱらって作業しない

あたりまえか。飲むなら作るな、作るなら飲むなの精神で。プログラムくらいは書いてもいいかもね。

部品の向きをよく確認する

ごくたまにだけど、うっかり逆向きにさすと熱くなって焼ける部品がある。ATtiny2313、お前のことだよ！

グルーガンは電源さしたまま忘れがち

自分だけかもしれない。アツアツのホットボンドが手につくとやけどするので注意しよう。はんだごてもだけど、消し忘れ防止にはランプ付きスイッチのついた電源タップが便利。

はんだごてを持ったままほかの作業をしない

ペンならOKだけど、はんだごては危険！　僕はこれでキーボードの端を溶かしました。

換気を忘れずに

有鉛はんだやアセトン（除光液）など、工作では身体に悪影響のあるものをしばしば使う。よく換気しよう。

雑に作った作品の取り扱い

最後に、作品の取り扱いについてだ。雑に作った作品は、うまく動いているように見えても見えないところで不具合があるかもしれない。たとえば放熱がうまくいっていなくて長時間動かすと熱くなるとか、小さな子どもが触ると動く部品に指をはさんでしまうとか。

自分の作った作品は危険物であると考えて、かならず自分の目の届く場所でだけ使うようにしよう。電源を入れたまま出かけてしまうとか人に貸して使わせるとかいったことは、自分がすべてを理解して設計できたと自信を持てるときまで、しないほうがいいだろう。

いつか卒業できるルールもある

さて、ここに書いたルールは「初心者が雑にものを作っても事故にあわないために」という基準であげている。ということは、いつか電気や電子回路に対する理解度が深まったとき、卒業してもよいということだ。

正しい知識と経験があれば、100ボルト電源を扱ってもいいし、リポ電池を使ったっていい。ただそのときは、それがどう危険で、またその危険をどうやったら避けられるかというところまでしっかり調べて理解してからにしよう。

全部が卒業可能なルールではない。たとえば上級者になったからといって配線を絶縁しないでショートさせていいわけではないし、アセトン吸い放題でOKということにもならないので、注意は必要だ。

よくある失敗

うまくいかなかった事例こそ参考になる

ギャル電

雑でも雑じゃなくても、そもそも電子工作は失敗することが多い。

雑な電子工作の場合は、「こういう風に動くはず」っていう見込みが雑すぎたり、物理法則のことを超なめてたり、組み立てる素材を雑に選びすぎてたりして、失敗はかなりの確率で起こる。まあでも、やってみないとわからないし、失敗する前よりもやってみて1個でもわかったことが増えたならオッケーじゃん。

というわけで、うちらの失敗事例をおすそわけするよ。

よくある失敗——道具を使うとき

固定しないで作業する

道具を使うときには、それぞれの道具でやりやすい持ち方やポジションってのがある。

材料を切ったり、穴を開けたり、はんだ付けしたりするときには、材料がずれないように平らな場所に固定して作業をするとやりやすい。でも、「いちいち固定するのめっちゃ面倒くさい」ってことで固定をサボると、やりづらすぎて失敗の確率がめっちゃアップする。

固定しないと、ズレたりすべったりして材料がまっすぐに切れなかったり、穴がずれたり、そもそもはんだ付けをしたいポイントに全然こて先が当たらないので、難易度が超ハードモードになる。あと、めっちゃケガしやすい！　ほんとに固定をケチるといいことない。

結局、面倒くさいけどいちいち固定したほうがトータルで時間がかからないし、作業もやりやすいってことに気づくよね。

はんだごてを持ったまま別の作業をする

はんだ付けはコツをつかむと楽しいけど、慣れるまではちょっと緊張する。

ギャル電が電子工作初心者のころによく失敗したパターンは、「はんだごてを持ったまま悩んだり、やりやすい道具の配置を探す」ってやつ。

電子部品や電線は小さなパーツが多いから、位置を直したり固定したりするなら、落ち着いて両手を使えたほうが断然やりやすい。はんだごてのこて先は超あちーから、片手に持ったまま作業すると、ヤケドしたり、材料にうっかりあたって溶けたりすることもある。「なんかうまくいかないな」ってときも、はんだごてを1回台に置いてみるとうまくいきやすいよ。

よくある失敗――材料や時間の見積もり

材料の硬さや加工しにくさを甘くみる

自分が扱ったことがない材料で何かを作ろうとして実際に加工をしてみると、脳内で「このくらいの硬さかな」って想像していたのと違うことがある。日常生活によく登場するから知ってるし「楽勝っしょ！」と思っている材料でも、思い通りにならないことが多い。

たとえば、木材はDIYでよく登場するから簡単に加工ができる気がする。だけど、実際にやってみるとのこぎりを使うとめっちゃ木くずが出るし、小さめの木材でも作業スペースが広めじゃないとやりづらい。

のこぎりを使わないで加工できるアイスの棒みたいな材料を使うと今度は薄くて、嫌なところで割れる。鉄は硬すぎるし、重い。重くてツルツルしているものは、接着剤もくっつきにくくて固定の方法がむずかしい。プラ板や紙はカッターやハサミで加工できて気軽だけど、強さが足りないことがある。

どの材料にもメリット・デメリットがあるし、作業環境や自分の得意・不得意でめっちゃ作業中のモチベーションが変わることがある。初めて使う材料や、得意じゃない材料は作業時間を多めに予想していないと、全然できあがらないことがある。ギャル電は木材と鉄が苦手だから、使うとふだんの5倍くらい時間がかかるよ。

サイズ変更、数を増やすと急にむずかしくなる

単純な仕組みのものを作るときに、サイズを変えて大きくしたり、数を増やそうとすると急にめっちゃむずかしくなることがある。

たとえばLED。電池とつないで1個光らせるのは簡単なんだけど、100個をマイコンボードで光らせようと思ったら配線も大変だし、使う電気も増える。モーターも同じで、複数個同時に使おうとすると必要になる部品が変わったり、回路が複雑でわかりづらくなったりする。

大きさもそう。「大きさが超デカくなるとウケるな」って気持ちで人間の子どもくらいのサイズの電子工作作品を作ると、ふつうのサイズでは気にならなかった重さや、材料の面積や値段、モーターのトルク不足とかの問題が急に襲いかかってきてビビるよ。

製品でも壊れるときは壊れる

雑な電子工作をしていると、改めて「売っている製品ってすげーな」って思うことが多い。でも市販品には弱点もあって、「こんな壊れ方するのかー！」ってこともよくある。

ギャル電がよく使う部品や材料でびっくりしたのは、次のケース。

- 電池やバッテリーは寒いとふつうの温度よりも使える時間が短い
- マイコンボードのコネクタは、種類にもよるけど、もげて取れることがある。特にマイクロUSBタイプ！
- ブレッドボードは意外と溶けるし、裏の両面テープをはがすときに中身ごとすっぽ抜けて壊れることがある

・ネジにも長さがある

ネジやビスの長さと存在を忘れる

これは、石川さんに聞いた失敗の情報なんだけど、「木材に縦方向と横方向からの2本でビス止めして固定しようとして真ん中でぶつかる」。これ、めっちゃある！　材料を固定しようって思ったときにネジの長さとかネジの存在をうっかり忘れちゃうの、わかりみ!!　ギャル電はよくナット付きネジ使うんだけど、ナットの出っ張り部分のこと忘れてケースにギリ収まらないことがあるよ。

よくある失敗——物理法則はむずかしい

指で簡単にできるのに機械で再現できない

ロボットにはくわしくないけど、人間の指と同じ動きをするロボットを作るのは超むずかしいってことはなんとなくバイブスでわかる。だけど、人間の指の動作を1つだけ取り出したら、なんか簡単な気がするじゃん。これがけっこう落とし穴になりやすい。

たとえばクラッカーのひもを引っ張るとか、物理的なスイッチを押し込むような動作をさせようって思って、ホビー用のモーターと5ボルトくらいの電池でやろうとすると力が足りない。で、簡単にできると思ってたのに、ギヤとかトルクとか機構のことを調べることになったりする。人間の指って思ったより力あるね。

遠心力はやべー

モーターで回転する台にバービー人形をくくり付けて、ポールダンサーみたいに見えるヘボいロボットを作ったときに、ロボットの動きがマジで暴れん坊将軍になった。棒にバービー人形をくくりつけたものをモーターで回転させて適当なラジコンに取りつけたんだけど、左右にガンガン揺れて自分の動きで倒れそうになるし、動きが怖すぎて人形の真下に取りつけた電源スイッチがなかなか切れない。おもしろくて大爆笑した失敗なんだけど、原因は遠心力ってやつ。なんかを回転させるときに軸がちゃんと真ん中になってないと、めちゃくちゃガタガタした動きになるよ。

あと、たとえば長いひもの先っぽになんか重りつけて振り回すと、回転の勢いと威力が増して武器になる。あぶない。

動作に重要な部分は動かさないとわからない

これも石川さんから聞いた、ナイス失敗の情報！

熱帯魚用のポンプを使って水をくみ上げる装置を作ったのですが、ポンプが長かったので動作と関係なさそうなところを途中で切ったらズズズズって音しかしなくなりました。物理怖い。[1]

既存の製品を改造して使うとき、この部分じゃまだからはずしちゃいたいなってことはよくある。よーく観察して「はずしても大丈夫だろう」って思っても、少しの長さや大きさが足りないだけで動き方がぜんぜん変わっちゃう。なるほど、製品ってよくできてるなって超感じる。

ちゃんと動くものを作ろうとして、少し踏み込んで調べると急に計算とかがでてきてビビることもある。けど、必要な動きを作るのに計算式があると便利ってことも、作ってみて失敗するとなんとなくわかる。「こんないろいろなことが計算できる方法があるのすげー！ 人類の叡智!! 学びたい」って思うけど、付け焼刃だと計算式の使い方もよくわからなくて、「まあいっか」ってなる。

ギャル電も今のところタイミングがないけど、「ワンチャンそのうち必要になったらやるんじゃないかな」って未来の自分のポテンシャルへの期待は捨ててないよ。

失敗した後に読む注意書きは3倍わかる

雑な電子工作／工作でよく起こる失敗の情報はほかにもたくさんあるけど、とりまこの本を読んでいるみんなも失敗しやすいかなってやつは、こんな感じ。

何かを作ろうとすると、雑でも雑じゃなくても慣れてても慣れてなくてもそれぞれ失敗はよくある。失敗は特別なことじゃないし、1回の失敗で超バッド入る必要は全然ないよ。

ギャル電は作業をする前に取説とか解説とかを一応読むタイプなんだけど、読んでも実際に手を動かさないとあんまり頭に入ってこないことのほうが多い。とりまやってみて失敗した後に説明を読むと、「これをやってはいけません」、「この順番は大事」って部分が急に超わかるようになることが多い。

このページの失敗の情報も、今の自分にはあんまり関係ないなって思うかもしれないけど、失敗したらもう1回読んでみてね！

失敗の情報を共有しよう

「失敗」ってあんまりいいイメージじゃないし、実際に失敗すると程度にもよるけどまあまあへこむよね。

手順がちゃんとあるものでもやってみるのが初めてだったら失敗することあるし、ましてや手順がわからない誰も作ったことがないものを作るときは失敗しないほうがめずらしい。「こんな失敗はほかの人は絶対しないよね」って思う失敗も、けっこうありふれた失敗だったりする。

もし、ほかの人が全然やったことない失敗だった場合は超オリジナルの失敗で、もはや発明じゃん!!　そんな失敗、めっちゃ知りたい！

失敗した情報も、成功した情報と同じくらい誰かを励ましたりするし、成功した情報では得られなかったヒントを与えてくれることだって多い。みんなも、雑な電子工作や工作の失敗の情報をSNSとかでガンガン共有してね。

2章

とりあえず買っておくといい部品たち

雑にいろいろできる部品：サーボモーター

まずはサーボモーターを手なずけたい

藤原麻里菜

Arduinoを使って電子工作をしていると、まず初めのほうにサーボモーターが出てくると思う。サーボモーターは角度を制御できるモーターで、3つの線がついている。マイナス（GND）とプラス（5V）とあとは制御する信号を送るピンだ。くるくると回るDCモーターは線が2つ（マイナスとプラス）に対して、サーボモーターは3つの線がある。これにより角度を制御できるというわけだ。

雑な工作にはサーボモーターが欠かせない。サーボモーターのいろいろな使い方を紹介していきたいと思う。

ふつうに使う

まずは、ふつうに使ってみよう。サーボモーターは、角度が制御できるモーターだから、そこに何かをくっつけて、たとえばメガネを拭くワイパーを作ってみたり、旗を振るマシーンを作ってみたりできそうだ。でも、あまり重いものや長いものをくっつけると、パワーが足りなくて動かなくなるので注意だ。

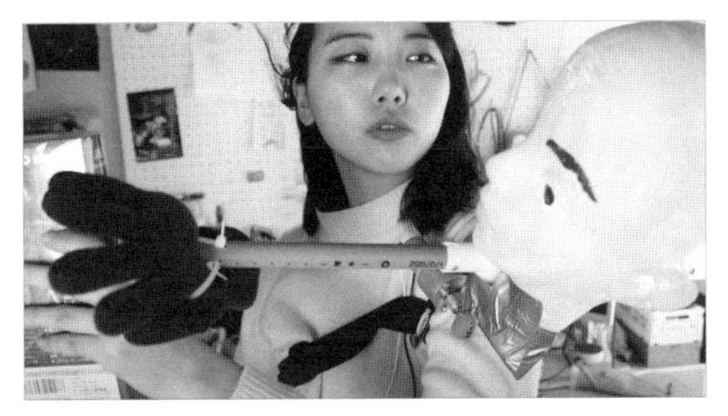

藤原作品「本を取ろうとすると手が触れ合うマシーン」

これは、私が作った「本を取ろうとすると手が触れ合うマシーン」だ。軍手に綿を詰めて、それを塩ビパイプにくっつけ、さらにそれをサーボモーターにくっつけている。木材と比べると塩ビパイプは軽くて扱いやすい。前述した通り、サーボモーターは重いものをくっつけるとすぐに動かなくなってしまうので、塩ビパイプを使うのがベストだ。

これは、6ボルトのメタルギヤのサーボモーターを使っている。Arduino初心者によく使われるのは小さいサーボモーターだと思う。それだと大きいものは動かないのと、プラスチックのギヤだとすぐに欠けてしまうので、Amazonなどで「6V サーボモーター」と検索してゲットしてみよう。Arduinoからは6ボルト電源が取れないため外部電源が必要になるので、そこだけ注意だ。

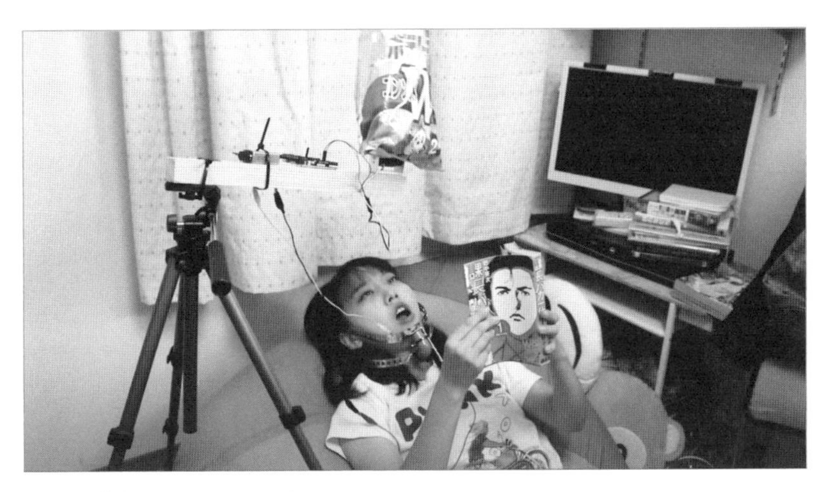

藤原作品「ポテチを口に運んでくれるマシーン」

スイッチを押す

サーボモーターはスイッチを押すこともできる。たとえば、壁についている電気のスイッチを押すこともできるし、電動ドリルのスイッチを押すこともできる。100ボルト電源の機器を扱いたいけど、改造するのは怖い……そんなときは、サーボモーターにスイッチを押してもらおう。

藤原作品「小銭探知靴」

これは、私が作った「小銭探知靴」だ。小銭を見つけたらサーボモーターがヒールについている小型掃除機のスイッチを押して小銭を吸着してくれる仕組みになっている。

上下運動をさせる

クランク機構を作れば、上下運動をさせることも可能だ。といっても、私はうまくクランク機構を作れた試しがないのだが……。この本で私が説明をすると意味がわからなくなると思うので、クランク機構を作りたい人はインターネットで検索しておくれ。機構を作るためには、レーザーカッターでパーツを切り出したりとちょっと高度な技が必要になってくるので、上級者向けかもしれない。

ハサミでプラ板切って作ったりしても意外と何とかなるときもあるから、チャレンジしてみてもいいかも。〔I〕

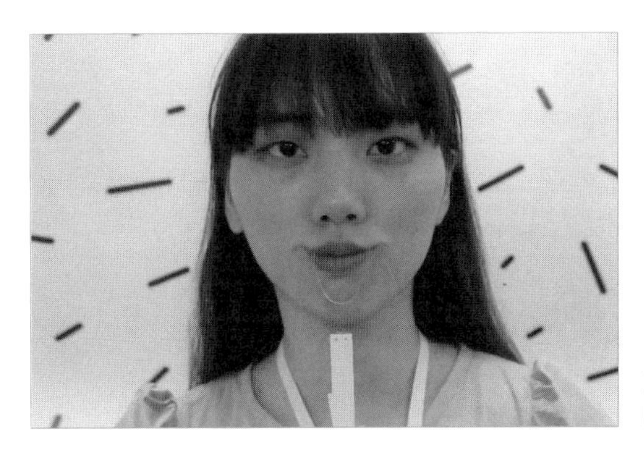

藤原作品
「笑顔が作れるマシーン」

これは「笑顔が作れるマシーン」だ。サーボモーターが回転し、取りつけた半円がクランク機構で上に上がって口角を持ち上げるという仕組みだ。

サーボモーターは無限の使い道がある

サーボモーターと一言で言っても、パワーがあるもの、ないもの、メタルギヤで作られているものなど、たくさん種類がある。自分の使いやすいサーボモーターを見つけて雑にあつかってみよう。サーボモーターの羽（「サーボアーム」とか「サーボホーン」とか言う）には、穴が空いていることが多く、部品をねじ止めしやすいのも特徴だ。ぜひいろいろ試してみてほしい。

初心者のときには、「ついてくる小さいネジとかゴムの輪は何？」「本体のヘンな形はをどうやって固定する？」「サーボアーム側もどうやって固定？」とかいろいろわからなかった。そのあたりは88ページの記事も読んでみて。〔I〕

雑にいろいろできる部品：リードスイッチ

磁力でつながるスイッチで手品みたいな作品を

石川大樹

外からの操作に反応するような電子工作をしたいとき、いちばん簡単なのはタクトスイッチ（押しボタンスイッチ）やトグルスイッチ（レバー付きのスイッチ）などのスイッチ類を使うことだ。回路の遮断／接続が簡単にできる。しかしそれ以上の複雑な入力に反応させようとすると、センサーとマイコンを組み合わせて使わなければいけないことが多い。

そこで検討したいのがリードスイッチだ。リードスイッチはスイッチの一種だが、押しボタンの代わりに磁力に反応する。直接手を触れることなく、板や布をはさんだむこうからでも操作できるため、手品のような不思議な効果が得られる。

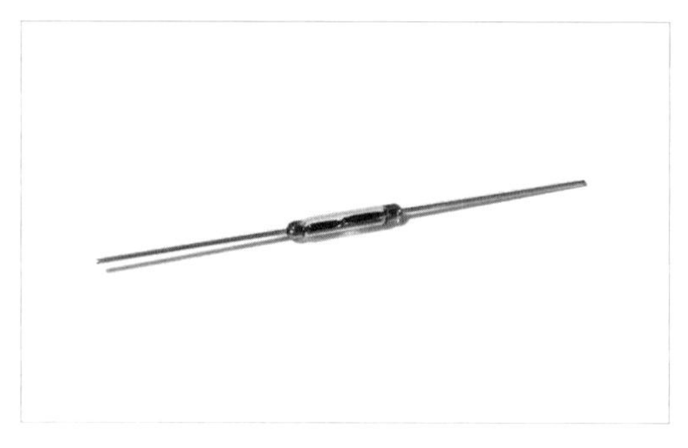
リードスイッチ

リードスイッチの仕組み

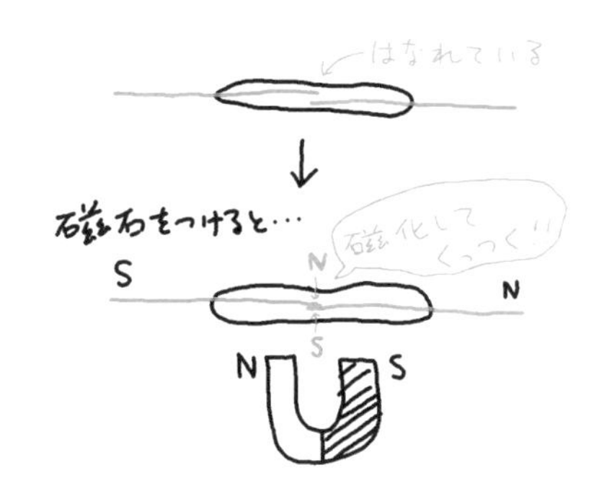

リードスイッチの構造としては、ガラス管の中に2枚の金属板が入っている。この金属板はふだんは少しだけ離れているが、磁石を近づけるとくっついて通電する。シンプルな仕組みの部品だ。

磁気センサーを使っても同じことができるが、配線が複雑だしマイコンと併用する必要もあるので、それならリードスイッチを使った方がずいぶん簡単だ。

リードスイッチの使用例

ドアに磁石、ドア枠にリードスイッチを取りつければ、ドアを開けたときだけ点灯するライトが作れる。タンスの引き出しを冷蔵庫のようなライト付きに改造することもできるだろう。

ブザー回路と組み合わせれば、誰かがタンスを開けたら警告音が鳴るようにすることもできそうだ。こういった機能を防犯機能として使ってもいいし、逆にびっくり箱のようないたずら目的にするのも楽しいと思う。

先ほどマイコンなしでも使用可能と書いたけど、マイコンと組み合わせれば簡易センサーのような形で使うこともできる。たとえばメリーゴーランドのようなものをモーターで回して、決まった位置で停止させたいとしよう。回転側に磁石、土台にリードスイッチをつければ、止めたい位置の検出に使えそうだ。

また、ゆっくり回るものであれば、回転回数を計測することもできるだろう。シンプルで使いやすい部品なので、ぜひオリジナルの用途を考えてみてほしい。

僕がこれまでに実際に作った作品を2つ紹介しよう。

イヤホンを貼ると点くライト

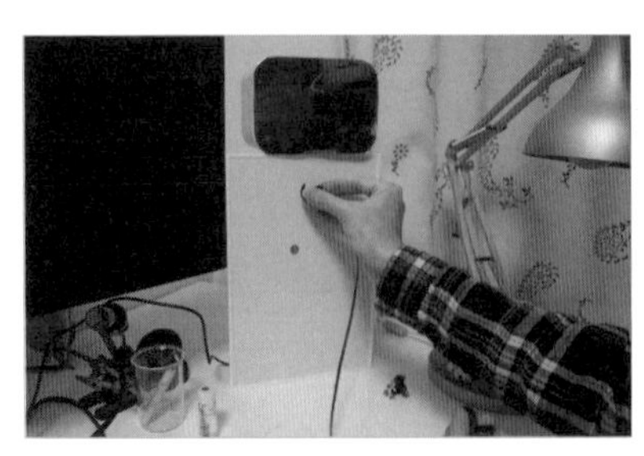

石川作品「イヤホンを貼ると点くライト」。イヤホンを貼ると「Bluetooth」が点灯する

僕はイヤホンをポケットに入れたままよく洗濯してしまう（これでもう3つ壊した）。家に帰ったら忘れずにポケットからイヤホンを取り出せるように、イヤホンを貼ると点灯するライトを作った。

僕のイヤホンは両端に磁石がついている。カバンに入れるときにくっつけて輪にすることで絡まりを防止できるためのものだが、今回はこの磁石を利用してリードスイッチを操作するようにした。ちなみにランプ部分に歯の模型が入っているのは、「Bluetooth（青い歯）イヤホン」というダジャレである。

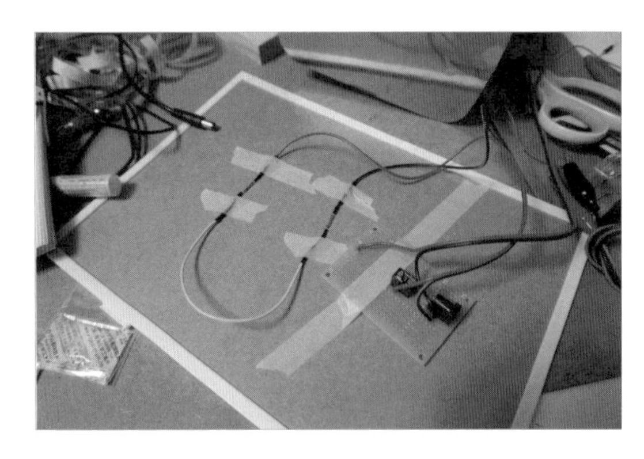

ボードの裏の配線

仕組みは簡単で、ボードの裏にリードスイッチを貼りつけ、ボードに磁石をつけるとリードスイッチに通電してリレーがONになり、LEDテープが点灯するようにしている。

ちなみにボードには100均のホワイトボードを使用している。ホワイトボードは磁石がくっつくので、リードスイッチと組み合わせるといろいろおもしろいものが作れるだろう。

カエルの位置で色が変わるデスクライト

石川作品「カエルデスクライト」

デスクライトの土台部分に、リードスイッチをいくつか埋め込んである。その上にマグネット付きのカエルを置くことで、置く場所によってライトをつけたり消したり、電球色と昼白色を切り替えたりできる。

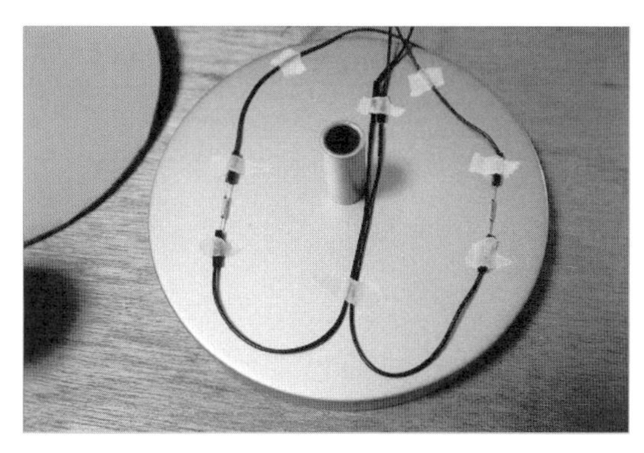

「カエルデスクライト」の土台部分

こんなふうに、リードスイッチを埋めこんである。その上にジオラマ用の芝シートを敷くことでリードスイッチを隠すと同時に、カエルと合わせてジオラマ的な見た目にしている。

電球の制御はどうしているかというと、リモコン操作で色を変えられるスマート電球を使用している。Arduinoと赤外線LEDを使ってリモコンの信号を出すことでON/OFFしたり、色を変えたりできるようにした。

話はそれるが、リモコンの信号のコピーはArduinoなら「IRremote」というライブラリを使うと意外に簡単にできる。赤外線リモコン受信モジュールと赤外線LEDをセットで用意しよう。ライブラリ付属のサンプルプログラムにリモコンの信号を読み取るプログラムがあるので、それを使って信号のコードを取得できる。あとは信号を送信するプログラム（これもサンプルに含まれている）で再生するだけでリモコンの完成だ。

リードスイッチを使うときの注意

リードスイッチは薄いガラス管を使用しているため、とても割れやすい。足を曲げたい場合は、ガラス管の横をペンチでおさえるなどして、ガラスに力がかからないようにしよう。

雑にいろいろできる部品：チルトスイッチ

傾きに反応するスイッチはセンサーみたいに使える

石川大樹

雑に線をつなぐだけで、あたかもセンサーを使っているかのような作品を作れるパーツがもう1つある。それがチルトスイッチだ。

チルトスイッチは「チルト（tilt:傾き）」という名前のとおり、傾きでONになるスイッチ。だがその仕組みを理解しておくと（理解といっても全然むずかしくはない）、移動を検出したり、振動を検出したりといった応用編的な使い方もできる。

使い方は「つなぐだけ」なので、センサーを使える人にとっても便利なショートカットだ。

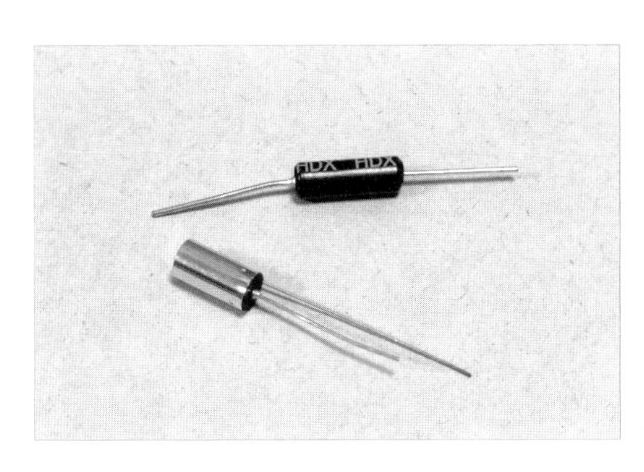

チルトスイッチ

チルトスイッチの仕組み

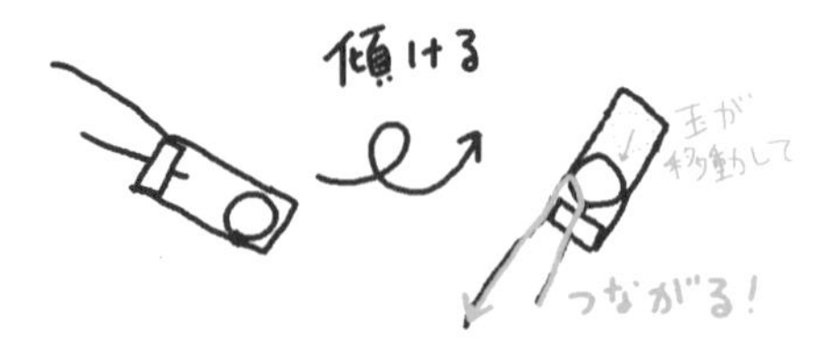

チルトスイッチは金属の筒に2本の端子がついた形をしていて、筒の中には金属球が入っている。振るとコロコロ音がする。

この金属球が筒の中のどこにあるかによって、電気を通したり通さなかったりする、そんなスイッチだ。昔は金属球でなく水銀が使われているものもあった。

チルトスイッチの使用例

最もオーソドックスなチルトスイッチの使い方は、物に貼りつけて、その傾きを検出するやり方。たとえば「居眠りして頭が傾くとブザーで起こしてくれる帽子」なんてのは一瞬で作れてしまうだろう。

下向きに立てて貼ればだいたい90度の傾きでスイッチが入るし、あらかじめある程度傾けておけばそれ以下の角度で電気を通すこともできる。

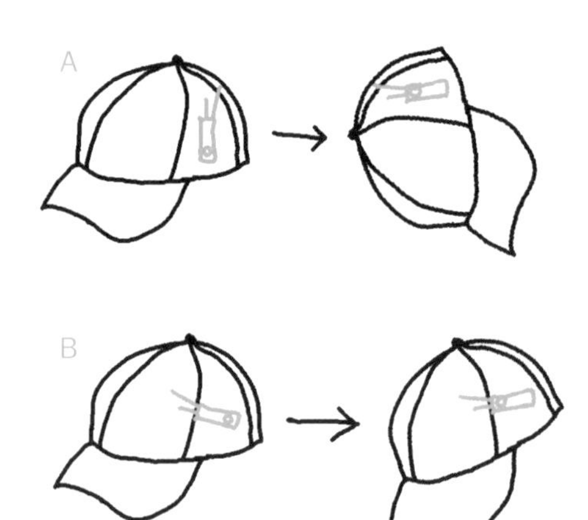

Aのようにチルトスイッチを立ててつけると、帽子が90度以上傾いたときに反応する。Bのようにあらかじめ斜めにしておくと、帽子が少し傾いただけで反応する

チルトスイッチもリードスイッチと同じく、マイコンと組み合わせることで用途が広がる。

たとえばスイッチが常時ONになるような向きに設置しておくと、センサーが揺れたときに一瞬球が浮いてスイッチがOFFになる。それをマイコンで読み取れば振動を検出することができる。これを使って、たとえば、「バンッ」と強く閉められると悲鳴を上げるドアを作ってみるのはどうだろう。

あとは加速度センサーのように使うこともできる。野球のバットにつければ、バットを振ると慣性や遠心力で球が動くので、それを検出して「カキーン」と打球音が鳴る、なんて作品も簡単に作れそうだ。

いずれも加速度センサーでも同じものが作れるが、安価かつデジタルピンの読み取りだけで使えるシンプルなチルトスイッチが僕のお気に入りだ。微調整したいときに、数字のパラメーターをいじらなくてもテープで貼る角度を変えるだけですむところもいい。まさに、「雑に使える」部品だ。

なお、スイッチが切り替わるときには球がバウンドしてチャタリング（短時間にON／OFFを繰り返すこと）するので、プログラム側で対策する必要がある。用途次第だが、一度切り替わりを検出したらしばらく読みに行かないなど、簡単な方法で対策を実装できることも多い。

チルトスイッチを使った作例

自動的に砂糖が入るリステリンボトル

リステリンは虫歯や歯周病を予防するものだが、キャップで計量する際に自動的に角砂糖を入れて歯磨き効果を相殺してしまうという、いやがらせ装置である。

仕組みとしては、リステリンのボトルの傾きをチルトスイッチで検出して、サーボモーターで砂糖を投入している。

石川作品「自動的に砂糖が入るリステリンボトル」

チルトスイッチは基板にはんだ付けして、ボトル本体に直接テープでくっつけてある。

スイッチの読み取り方法は簡単。マイコンの入門によくタクトスイッチが押されるのを検出するプログラムが出てくるけど、あのプログラムをそのまま使ってタクトスイッチをチルトスイッチに置き換えるだけだ。

ボトルの裏側

「よく振ってお飲みください」カウンター

飲み物のパッケージには「よく振ってお飲みください」と書いてある。これは、実際に何回振ったかを計測するための装置。

振るとチルトスイッチの中の球が動くので、それを検出してカウントし、液晶に表示している。振った回数を数えたい場合は、チルトスイッチを下向き（足が上）になるように設置して、スイッチがONになった（足の方まで浮き上がった）回数をカウントすると正確な値が出る。逆にすると球がバウンドして複数回カウントされてしまうからだ。

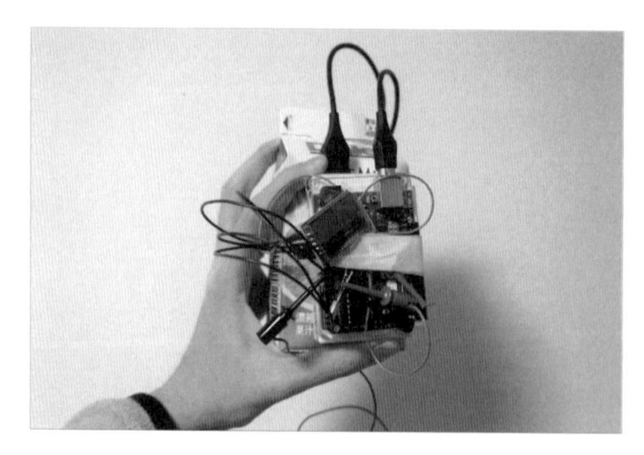

石川作品「『よく振ってお飲みください』カウンター」

醤油かけすぎ機

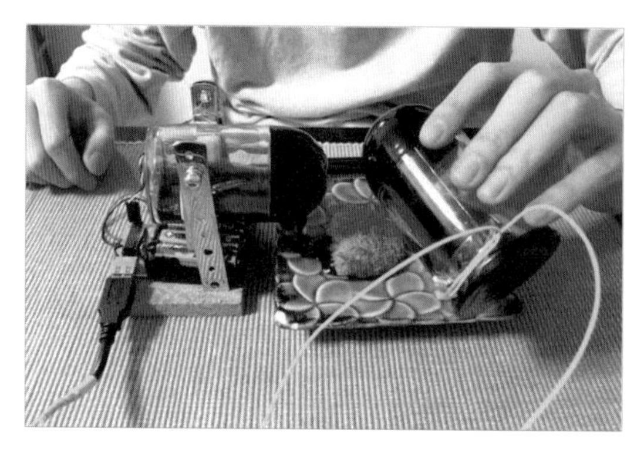

石川作品「醤油かけすぎ機」

醤油をかけようとするともう1つの醤油差しが動いて大量の醤油を追加する嫌がらせ装置。手に持っている側の醤油差しが傾いたのをチルトスイッチで検出して、もう1つの醤油差しを連動させている。

ストックしたいチルトスイッチ

チルトスイッチは、これまでほかにもたくさんの作品に使用してきた僕のお気に入りの部品だ。安いし、サイズは小さいし、用途も広い。家のパーツ箱にストックしておいて絶対に損はないはずだ。

雑にいろいろできる部品：CdSセル

光センサーは「ちいかわ」のくせにかなり便利！

藤原麻里菜

CdSセルというのは「光センサー」とも呼ばれる部品で、光量で抵抗値が変わるセンサーだ。表面を見るとうねうねとした模様がついていて、ピンは2本のすごくシンプルで小さくてかわいいものである。ちいかわを知らなかったころ、ちいかわというのはCdSセルのことなんじゃないかと思っていたほどである。

この光センサー、「あんまり使いどころないんじゃない？」と思われがちなのだが、私は作品を作るうえで、距離センサーのかわりに使ったり、いろんな場面でよく使う。ここでは、私の作例をあげながら、CdSセルのよさについて語っていきたいと思う。

暗くなる／明るくなる

前述した通り、CdSセルは、光量によって抵抗値が変わる。なので、明るいか、暗いかをセンシングすることができるのだ。明るくなったらモーターを動かす、暗くなったらモーターを止めるといったことをすることができる。たとえば、クローゼットに仕込んでおいて、クローゼットをあけたら何かが起こる……というマシーンも作ることができそうだ。

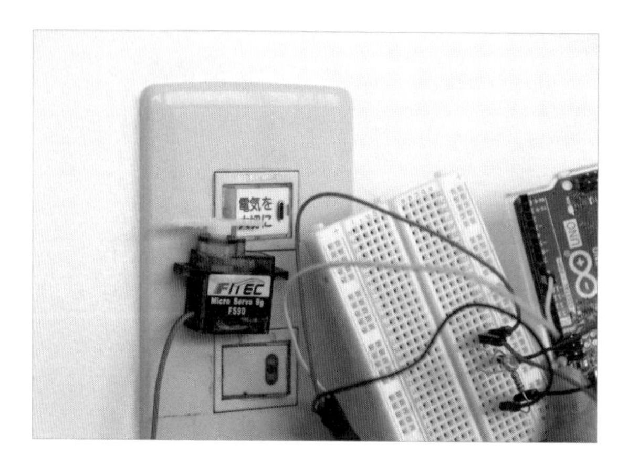

藤原作品
「電気を消すマシーン」

私が作ったのは、明るくなったら壁についたスイッチを押して電気をつけ、暗くなったら壁についたスイッチを反対側から押して電気を消す嫌がらせのマシーンだ。こんな風にサーボモーターと連動させて、使うことができるのだ。

これどうやって壁にサーボモーター貼ってるの？〔I〕

両面テープで貼ってるよ。〔F〕

近づける

光の量によって抵抗値が変わるから、明るい／暗いの極端なセンシングではなくて、徐々に暗くなるとか、徐々に明るくなるとかにも反応することができる。サーボモーターをこの抵抗値の変化と連動させたら、手をかざして近づいていったらサーボモーターがそれに応じて傾いていくという動きを作ることもできる。

そこで私が作ったのは「プリンを守るマシーン」だ。プリンの手前側に光センサーを置いておき、手をかざしてプリンを取ろうとすると、その横にある人形が阻止してくるという仕組み。

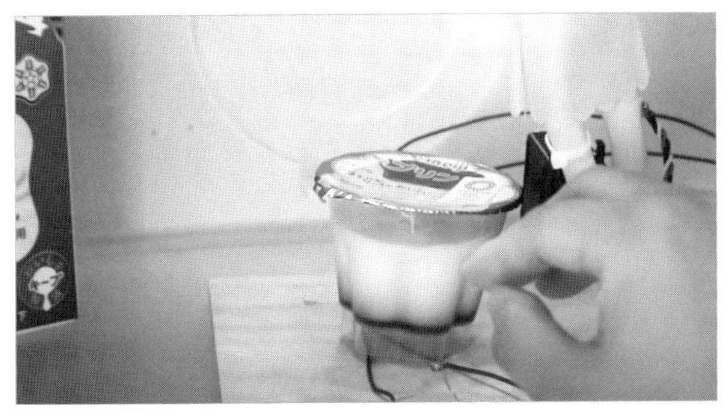

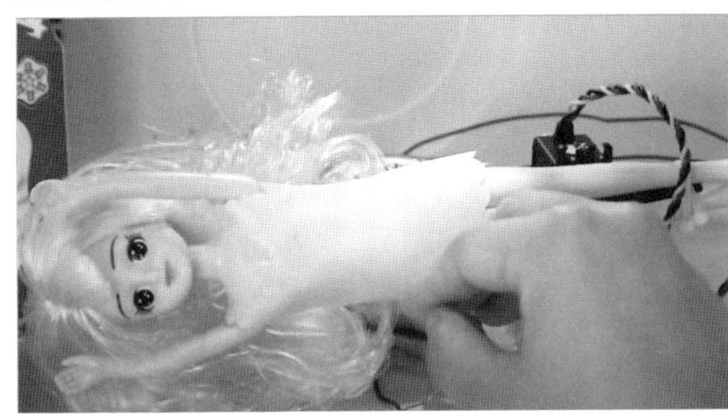

藤原作品
「フリンを守るマシーン」

置く

何かが光センサーの上に置かれて真っ暗になった状態もセンシングできる。コップを置いたらしゃべるマシーンとか、キスしたらLEDが光るマシーンとかそういうのを作ることができそうだ。

藤原作品「スマホの気持ちがわかる充電デバイス」

私の作例では、「スマホの気持ちがわかる充電デバイス」というのを作った。ワイヤレス充電器の上面に光センサーを設置し、スマホがワイヤレス充電器に置かれると「いやー、もうちょっともったと思うよ」「ギリギリだったわ！」などと音声でスマホの気持ちを代弁してくれるマシーンだ。

光センサーは簡単に扱える

Arduinoで扱う場合は、抵抗値を読み込むだけのプログラムですむので、比較的初心者にも扱いやすい。また光センサー自体の値段も安いので雑に扱いやすい。私はまとめ買いして、困ったら光センサーを使うようにしている。

雑にいろいろできる部品：LED

「Lチカ」は電子工作の王道。派手にピカピカさせてやろう

ギャル電

　電子工作でLEDはさまざまな使い道がある。照明や電飾を作るほかにも、スイッチのオンオフや機械の状態やセンサーの値を光り方で見えるようにする使い方や、赤外線リモコンみたいに人間には見えない波長のLEDを光らせて信号として使用したりもできる。

　ギャル電のLEDの使い方は、王道の「とりま派手に光らす！」。だって、めっちゃLEDが光ってるとそれだけでなんかテンション爆上げ⤴になるじゃん。

　ここでは雑な工作に使いやすいLEDの種類や、工作になんとなくひと味付け加えたいなってとき、テンション上げたいなってときに便利なLEDの使い方を紹介してくよ。

LEDの種類

　LEDは電子工作入門によくでてくる部品だけど、「なんかかわいい色のLEDをいい感じに派手にピカピカさせたい！」「とりま電池つなげれば光るんでしょ？」って思って買おうとすると、LEDの種類が多すぎて何買っていいのかさっぱりわかんないことってよくある。

　ギャル電が電子工作でよく使う、2タイプのLEDの種類を説明するね。

砲弾型LED――「単色」「自動点滅」「RGB」「シリアル」

入門用チュートリアルのLチカ（LEDをチカチカさせる）でおなじみのLED。光る部分に光を拡散させる砲弾みたいなレンズがついている。

足が2本（プラスとマイナス）のタイプは、LEDを点灯させるための電圧にあった電池をつなげば光る。「単色」でずっと同じ色で光るものと、制御用ICチップが入っていて、電源をつなぐだけで「自動点滅」したり、決まった順番で色が変わるタイプのものがあるよ。

ギャル電は、電源をつなぐだけで七色に自動変化するイルミネーションタイプの砲弾型LEDをよく使っているよ。

足がプラスとマイナスだけのタイプのものは、プログラムとかで自分の好きな色に変更することはできない。

「RGB」や「シリアル」タイプの砲弾型LEDは、プログラミングとかで色を自由にコントロールできる。マイコンボードと接続して色や点灯の制御をする必要があるよ。

砲弾型LED

LEDテープ――「単色」「RGB」「シリアル」

LEDテープは、チップLEDと抵抗がセットになっているテープ状の薄い基板に、たくさんのLEDが並んでいるタイプの製品。裏に両面テープがついていて貼りつけられるよ。

テープは一定の長さごとにカットできるようになっている。

LEDテープも、砲弾型LEDと同じように電源をつなげれば光るタイプのもの（「単色」タイプ）と、マイコンボードやコントローラーなどの制御する部品をつなげないと光らないタイプ（「RGB」、「シリアル」）があるよ。

複数のパターンの光り方が選べるコントローラーやUSBの電源コードがLEDテープとセットになっていて、買ったらすぐ貼りつけて使えるタイプの製品も安価な値段で入手しやすい。最近では100均やドンキでも1メートル300円〜2,000円くらいで売っているから、特に色や光り方にこだわりがなくて派手に光らせたいだけだったら、自作はしないでパーツを買うだけでもいいかもしれない。

色や光り方をプログラムで設定して使いたい場合は、「シリアル」タイプのLEDテープが使いやすい。製品名と動作電圧（例：「NeoPixel 5V」「WS2812 5V」など）で調べると探しやすいよ。

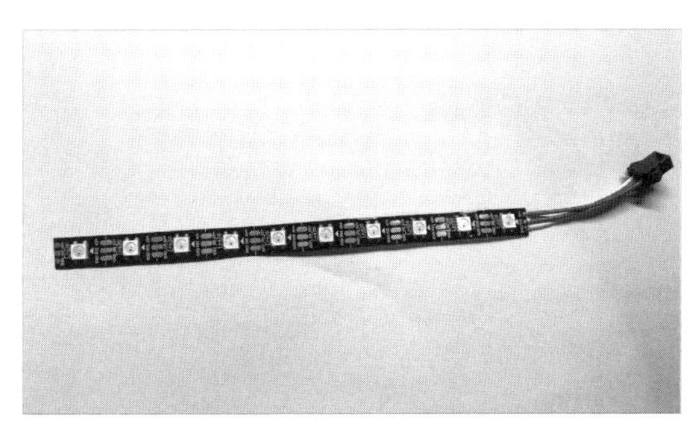

LEDテープ

LEDを選ぶときの注意点

選ぶときには確認しておきたいポイントがあるよ。

LEDの動作電圧とLEDの数

砲弾型LEDを買うときには、製品情報のVF（順方向電圧）の部分を要チェック。

「かわいい色の単色LEDを3ボルトのコイン電池1個で光らせたいな」ってときにVFが3ボルトより大きいLEDを買うと、必要な電圧に足りていなくて、安定してLEDが動かない場合がある。

LEDテープは、24ボルト、12ボルト、5ボルトのタイプが売っている。マイコンボードで使うときには、マイコンボードから電源供給しやすい5ボルトのタイプを買おう。

あと、1メートルあたり何個LEDがついているかで光らせられる長さや光らせたときの印象が変わってくるから、買うときにチェックして。ギャル電は1メートルあたり60個LEDがついているタイプのものをよく使ってるよ。

光らせ方や色をあらかじめ決めておく

LEDは光らせるためにマイコンボードやコントローラーが必要なタイプと、とりあえず電源をつなげば光るタイプのものがある。

光らせたい色やパターンのイメージがある場合は、マイコンボードで制御できるタイプのもの（RGB、シリアル）を買おう。

小さいサイズの作品を作るときや、身に着けて使うから電源は作品となるべく一体化したいなど、サイズの制限がある場合は、マイコンボードを使って自作しようとすると電源部分の設計も必要となり、とたんに作るのがむずかしくなる場合がある。その場合は秒で妥協して、作品に取りつけられる電池のサイズと電圧で使えるマイコン不要のLEDの中から、好きな色や光り方のものを選ぼう。

電源やスイッチをほかの機能と一本化しなくてもまあいいかっていう場合には、自作しないでいさぎよく電源とスイッチとLEDとコントローラーが一体化した製品を買って、作品に貼りつけてもオッケー！

砲弾型LEDで目を光らせる作例

2つのLEDをいい感じの間隔で作品に配置して光らせると、目になる。ここでは、手に入りやすい部品で作れる簡単な光る目の作り方を紹介するよ。

並列につなげばだいたい5個くらいまではコイン電池で光るから、用途にあわせてアレンジして使ってね。

材料は、砲弾型LED（2個）、コイン電池CR2032（1個）、電線（赤2本、黒2本）。オンオフをしたい場合はスライドスイッチを追加してね。

まずは、電池を入れたらずっと光り続ける、スイッチがないバージョンの配線図がこれ。

作り方は超シンプルで、2つのLEDのプラスの足と電池ボックスのプラス、LEDのマイナスの足と電池ボックスのマイナスをそれぞれ電線でつなげてはんだ付けする。以上。

ちょっとしたコツとかは、以下の通り。

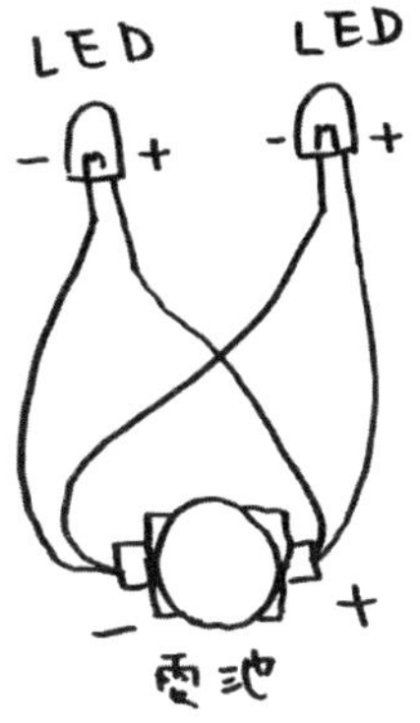

- 砲弾型LEDは足が長いほうがプラス、短いほうがマイナスになっている。
- 電線の長さは、まず作品の電池の取りはずしができて邪魔にならなそうないい感じの場所を探して仮置きして、そこから目にしたい部分まで電線をのばしてみて長さを決める。
- 電線は少し余裕をもった長さで切ると失敗しづらいよ。
- 電線の色は赤と黒じゃなくてもいいけど、自分の中でちゃんとプラスの線とマイナスの線の区別がつくようにしたほうがやりやすい。電線がつながっている極ごとに色を変えるか、電線が1色しかない場合はマジックとかではしっこに印をつけてから作業すると、配線のときに間違えにくい。

スイッチのないバージョンの配線図

電子工作に慣れていないうちは、一般的な電源ぽい配色（赤がプラスで黒がマイナス）でわけておくといいと思う。ギャル電はかわいいからって理由で、電線の色を無駄に全部違う色にして、修理するときにマジ大混乱して反省したことがあるよ。

スイッチを追加してみた作例

光らせるためにいちいち電池を出し入れするのがめんどくさい場合は、ひと手間加えてスライドスイッチを電池ボックスのプラス側に追加すると、電源のオンオフができるようになる。

スライドスイッチは足が3本あるので、真ん中の足とどちらかの端っこの足をそれぞれLEDのプラスと電池ボックスのプラスにつなぐ。

スライドスイッチには、特に裏表や方向はない。どっちかの端っこの足がなにもつながってなくてなんか落ち着かないけど、真ん中と端っこの2ヶ所がつながってれば大丈夫。

LEDの数を増やしたい場合も、基本はひたすらLEDのプラスの足と電池ボックスのプラス、LEDのマイナスの足と電池ボックスのマイナスに追加してつないだらオッケー。

電線がいっぱいあってなんかめんどくさいなって場合は、右の配線図みたいにスズメッキ線とかでLEDのプラスの足、マイナスの足をまとめてつないでおいて、電池ボックスへの配線をシンプルにする方法もあるよ。

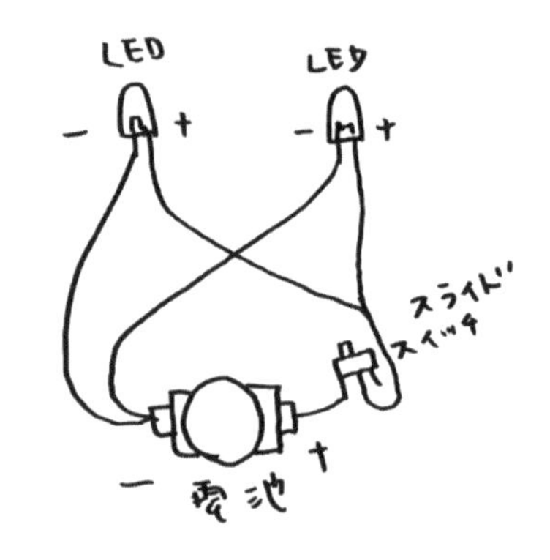

スイッチ追加バージョンの配線図

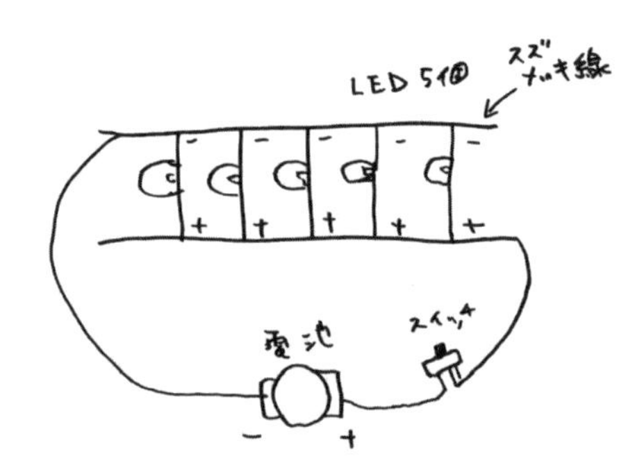

スイッチ追加+まとめバージョンの配線図

コイン電池のときはいらないけど、乾電池やACアダプター、USB電源などを使うときはLEDと直列に抵抗を入れないとLEDが壊れるので注意！　抵抗値は計算で求められるけど、面倒なら100オーム以上あればだいたいOK。大きくすると暗くなります。〔1〕

とにかくArduinoで LEDテープを虹色に光らせる作例

マイコンボードで1メートルくらいまでのLEDテープを虹色に光らせることができると、なんでも雑に「ゲーミング○○」にできたり「パリピ○○」にできて、便利。

材料は、モバイルバッテリーとマイコンボード（USBにつないで給電できて5ボルト出力ピンがあるタイプ：Arduino Uno、Arduino Nano、digisparkなど）、フルカラーシリアルLEDテープ（WS2812B、入力電圧5V）、電線3本（3本の色がそれぞれ違うもの）。

配線はシンプルで、フルカラーシリアルLEDテープの5ボルトをマイコンボードの5V出力ピン、GNDをマイコンボードのGNDピン、DINをマイコンボードのデジタル入出力ピンのどれかにさして配線すればオッケー。LEDテープは電気の流れる方向が決まっていて、方向を間違えると光らないから要注意！　必ず矢印のはじまり側をマイコンボードに接続する必要があるよ。

マイコンボードからLEDテープの順に電気が流れるって順番で覚えておくと、LEDテープの接続方向を間違いにくい。

LEDテープはカットできる部分に線が書いてあるから、必要な長さでカットして使えるよ。

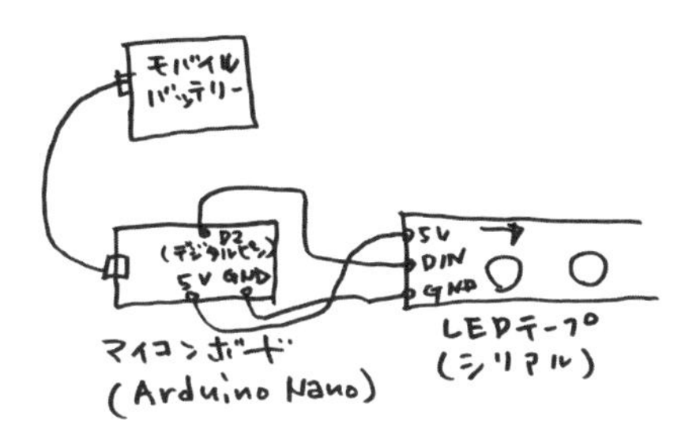

LEDテープをマイコンで光らす場合の配線図

プログラムはライブラリから

ハードを作ったら、サクっとプログラムを書きこんじゃおう。

フルカラーシリアルLEDテープを光らせたいときは、この2つのライブラリをおさえとけばだいたいオッケー！　このライブラリはどっちでも同じようなことができるから、好みで好きなほうを使ったらいいよ。

- FastLED（https://fastled.io/）
- Adafruit_NeoPixel（https://github.com/adafruit/Adafruit_NeoPixel）

ライブラリは、「Arduino IDE」（バージョン1.6.2以上）を起動して、メニューから「スケッチ」→「ライブラリをインクルード」→「ライブラリを管理」を開いて、使いたいほうのライブラリの名前をライブラリマネージャ画面で検索。検索結果に表示されたライブラリの「インストール」ボタンをクリックしてインストールする必要があるよ。

FastLEDのスケッチ例には、最初からいい感じにフルカラーシリアルLEDテープを虹色に光らせることができるプログラムが入っている。

Arduino IDEのメニューから「ファイル」→「スケッチ例」→「FastLED」→「ColorPalette」の順でサンプルコードを開いて、LED_PIN（LEDと接続しているマイコンボードのピン番号）、NUM_LEDS（LEDの数）、BRIGHTNESS（明るさ0〜255まで）を自分の環境にあわせて書きかえて、Arduino IDEメニューの「ツール」→「ボード」で、マイコンボードの種類と接続しているCOMポートを設定したら、LEDを接続したマイコンボードにこのスケッチ例を書きこむ。そしたら、秒で虹色に光るLEDテープが完成するよ。やったー！

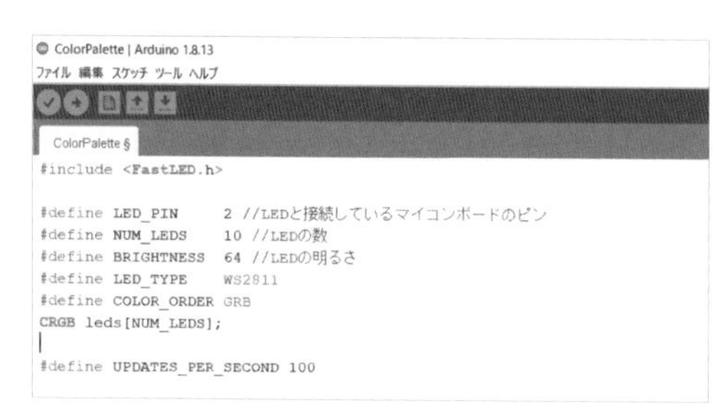

FastLEDのサンプルコード

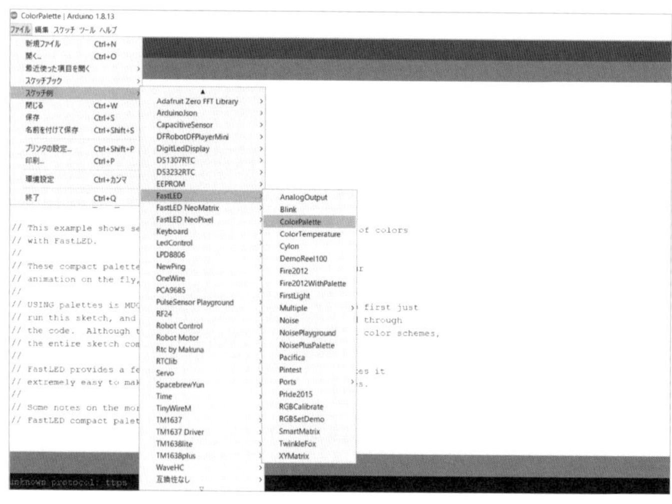

サンプルコードの選び方

もっと自分好みのプログラム

FastLEDやAdafruit_NeoPixelライブラリのスケッチ例は、単色を指定してLEDを光らせるような基本的なコードから、ボタンを押すと光り方が切り替わったり、複数本のLEDをまとめて制御したりするような少し複雑なコードまで、いろいろな使い方のサンプルコードが入っている。

今回書きこんだFastLEDのColorPaletteは、本来は「LEDが虹色に光るプログラム」ではなくて、FastLEDのプリセットのカラーパレット数種類をデモ表示するプログラム。プログラムの中身を上から読んでいくと、全部はわからないけど、「void ChangePalettePeriodically()」の部分で、カラーパレットと光り方の組み合わせがいくつか設定されていて、それらが上から順番に実行されていることがなんとなく読み取れる。

実際にマイコンボードとLEDテープで動かしたときの光り方を見て、自分が気に入った組み合わせがコードの何番目だったのかがわかれば、それをコピペしてほかの行の組み合わせパターンの部分に上書きすることで、より自分好みの虹色に光るプログラムに変更することができる。

今回紹介したスケッチ例以外で、虹色にLEDを光らせるコードの例を探すときにギャル電は、「WS2812B Rainbow SampleCode」とかのワードで検索したり、ChatGPTに「ArduinoでWS2812Bを虹色に光らせるサンプルコード教えて」って質問したりしてるよ。

HOW TO

サーボモーターについてもっと知ろう

配線から謎の付属パーツの使い方まで

石川大樹

僕が電子工作を始めたばかりで初めてサーボモーターを購入したとき、とても戸惑った。パッケージに入っているのは小さなデータシートだけで、説明書も入っていない。かわりにネジやらハトメやら、何に使うのかわからない謎の部品がワラワラ入っている。

そしてあの独特の形状。なんだか出っぱりが多くて、作品にどうやって取りつけていいのかもよくわからない。

そんな初心者の頃につまずいたサーボモーターの基本を、ここではひもといていこう。

サーボモーター

サーボモーターの選び方

サーボモーターは、使う前にまず買う段階から迷う。サーボモーターと一口に言っても、たくさんの製品があるからだ。

選ぶ基準は、「ギヤの素材」、「トルク」、「価格」と考えるといいだろう。

ギヤの素材

サーボモーターは、中にモーターと減速用のギヤが入っている。そのギヤが樹脂製の製品と、金属製の製品があるのだ。樹脂製のものは安いけど、手で無理やりゴリッと動かすと一瞬で壊れる。

価格面で問題がなければ、金属のものがおすすめだ。

トルク

サーボモーターのスペックを見ると「1.8kg/cm（4.8V）」のように、トルク（回転する力）が表示されている。これは「半径1センチの位置で1.8キロのものを持ち上げられる」という意味で、数字が大きければパワフルだし、小さければ非力だ。

自分が動かしたいものがどのくらいの負荷であるか、正確に知ることはむずかしい。目安としては、「2kg/cm」以下のものだと「ほとんど負荷がかからないもの」を動かすくらいが前提だと思っておいたほうがいい。割りばしを振ることは全然できるけど、10センチのアームをつけて水の入ったペットボトルを持ち上げることはできない（4センチならギリギリいける計算）。

ちょっとでも負荷が大きそうな場合は、大きめの「4kg/cm」あたりのものを買っておくと安心。また、持ち上げたいものが10キロとかになってくると、そもそもサーボモーターでやるべきではない。そういう場合の代替手段は「いろいろな動きを作る」（94ページ）を見てほしい。

あとはカッコ書きされている電圧も気にしよう。「（4.8V）」とあっても4.8ボルトピッタリじゃないと動かないわけではないが、12ボルトかけたら壊れそうだ。使う電源の電圧に近いものを選ぼう。

価格

スペックによって変わるほか、まとめ買いしたり、海外通販で買うと安くなったりする。

個人的なおすすめ

安くすませたいなら、「SG-90」(Tower Pro) が安くて入手もしやすい。耐久性を持たせたい場合は、「EMAX ES08MAII」(Dongguan Yinyan Electric Technology) が金属ギヤで比較的安価。高いトルクのものがほしい場合は、僕は秋月電子通商でラインナップが豊富な「GWS」(Grand Wing Servo-Tech) のサーボモーターから選ぶことが多い。

配線のやり方

サーボモーターからのびている線は、白赤黒の3色か、黄赤茶の3色のどちらか。赤が電源 (電池の+やArduinoの5Vピンにつなぐ)、いちばん色が濃いもの (黒または茶色) がGND、残りが制御信号用 (デジタルピンにつなぐ) の線だ。

ごくたまにマイコンにつなぐと誤作動を起こす個体がある。モーターを動かすときに発生する逆起電力が原因なので、赤い線と電源のあいだにダイオードを入れるとよい。

付属の部品

樹脂製の部品やらネジやらがバラバラとついてくるのだけど、これの使い方を説明しよう。製品によってあったりなかったりすると思う。

サーボアーム・サーボホーン

サーボモーターと、動かしたいものを接続するための部品。僕は長いものを「サーボアーム」、丸いものを「サーボホーン」と呼んでいるけど、人によって呼び方が違う。

小さいネジ

ネジは最大3種類ある。必ずついているのはサーボアームをサーボモーター本体に止めるためのネジ。サーボアームを取りつけた状態で、アームの穴にねじ込んではずれないようにする。

残りのネジのうち、大きいものはサーボモーター本体をどこかに取りつけるためのネジ。小さいものは、サーボアームをどこかに取りつけるためのネジだろう。

ハトメやゴムクッション

GWS製のサーボモーター特有の付属品に、ハトメやゴムクッションがある。サーボモーター本体の穴に入れて、どこかに取りつけるときの緩衝に使用する（GWS製品には穴が丸ではなくC字型に欠けているものもあり、そういうものはこれを使わないとしっかり固定できない）。

DWSのサーボモーターを上から見たところ。比較用に左の穴にはゴムクッションだけ、右の穴にはハトメも取りつけてある

サーボモーター本体の取りつけ方

サーボモーターはもともとラジコンやロボットに使われていた部品なので、それに合わせた独特の形をしている。おかげで、平面に取りつけたいときや棒に取りつけたいときなど、固定がむずかしい。

僕がよくやるのは板に穴をあけて巻いてしまう方法。小さいものであれば0.5ミリくらいの細いステンレス線でぐるぐる巻きにするし、大きいものなら結束バンドでしばる。次の写真では、サーボモーター本体だけでなく、サーボアームもステンレス線で巻いて止めている。

ステンレス線で
サーボモーターをぐるぐる巻き

あるいは木でビス止めできる土台をつけることもある。

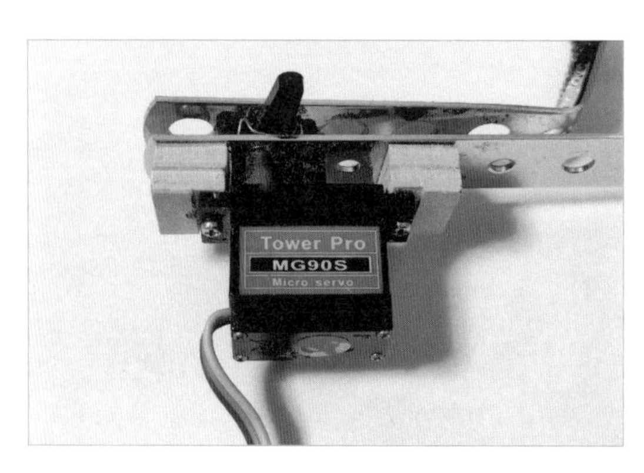

ビス止めした例（ここでは取付位置の関係で通常と逆向きにネジ穴を使っている）

少し高価だが、ロボット製作用のサーボアーム用ブラケット（金具）も市販されている。また3Dプリンターが使えるなら、Thingiverseなどで「servo bracket」と検索するとちょうどいい固定具が見つかる。

アームをなにかに取りつける

動かしたいものにアームを取りつけるのが、これまたむずかしい。特に小さいサーボモーターのアームには小さな穴しか開いていないので、ネジも通らない。僕はこっちも、（先ほどの写真のように）取りつけたい対象に穴をあけて、サーボアームと一緒にステンレス線でぐるぐる巻きにしてしまうことが多い。グラグラ動かないようにしたい場合は、ホットボンドや接着剤を併用する。

あと、くっつけるときにサーボアームの穴をふさぐようなつけ方をしてしまうと、あとでサーボアームと本体のネジ止めができなくなって詰む。うまく穴を避けて取りつけるか、先にアームと本体をネジ止めしてから取つけよう。

サンプルプログラムはネットで

最後に、ここではプログラムについて触れなかったが、Arduinoであればサンプルプログラムの「Servo」フォルダを見ると参考になるものが見つかる。入門書でもネットでも情報はたくさん転がっているので、調べてみよう。

HOW TO

いろいろな動きを作る

モーターを回して
「引く」「振る」「はさむ」

石川大樹

何か動くものを作るとき、安く手軽に使える部品の選択肢はあんまりない。モーターかサーボモーターを使うことが大半で、あとはたまにソレノイドを使ったり、電磁石をそのまんま使う時もある。それで全部。

特に大きな動きを作るときは、モーターやサーボモーターを使うことが多い。でも奴らはあんまり多才ではなくて、回ることしかできないのだ。

そんな不器用な奴らをうまく使って、作りたい動きを実装する必要がある。そこで登場するのがメカであり、機構だ。ここでは具体的な作例とともに、「いかに雑にメカを作るか」のノウハウを解説していきたい。

メカって何？　機構って何？

「メカ」というと、ロボットアニメに登場する人型兵器みたいなものを想像する人もいるかもしれない。それはそれでメカなのだが、ここでいうメカは機械のことだ。必ずしも電動である必要はなくて、ガチャガチャでハンドルを回してカプセルが落ちてくるのとか、昔ながらのゼンマイ式時計なんかも、メカ。で、その動きを作っている仕組みが「機構」。リンク機構とかカム機構とかギヤとか、いろんな種類がある。でも細かい名前は覚えなくていいや。どんなことができるか、作例から見ていこう。

物を引っぱる

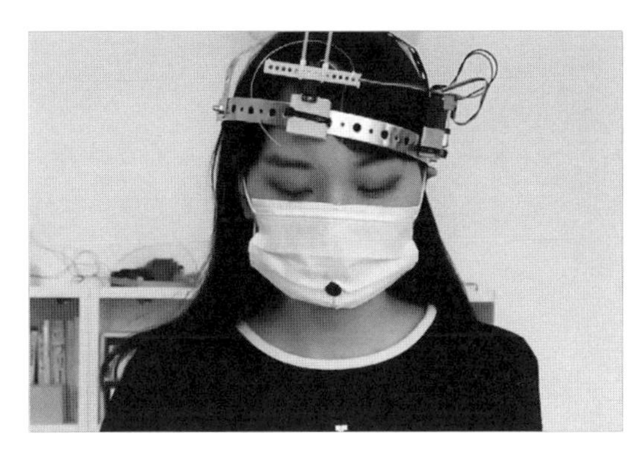

藤原作品「着用したままご飯が食べられるマスク」

これは藤原麻里菜さんの作品で、食べ物を食べるときに自動的にマスクを上げてくれる装置だ。頭にサーボモーターが固定してあり、センサーで食べ物を見つけるとサーボモーターが回って、糸でマスクを引っぱりあげる。

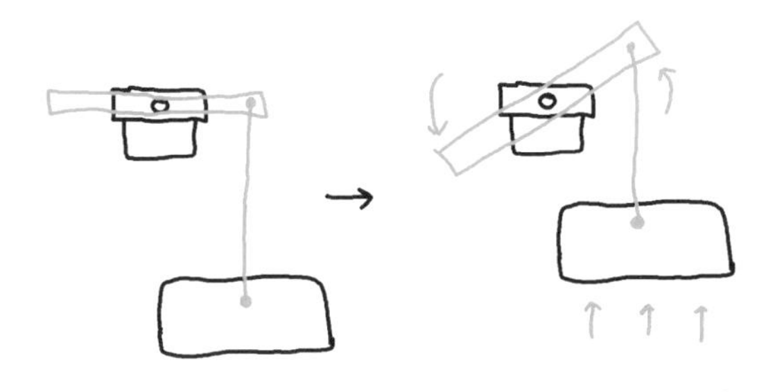

マスクをサーボモーターで持ち上げる仕組み

サーボモーターのアームは小さいのでそこに糸をつけても短い距離しか引っぱれないのだけど、藤原さんはアームを延長した先に糸をつけることで、マスクを大きく引っぱることに成功している。単純なことだけど、これも一種の機構だ。

もっと強い力で引っぱる

サーボモーターはけっこう非力だ。特にアームを延長して動かすときはより大きな力が必要になるので、マスクを引っぱるくらいだったらOKだけど、すねに貼ったガムテープをベリッとはがしたりすることはできない。じゃあどうするかというと、こんな機構が考えられる。使うのは、同じくサーボモーターだ。

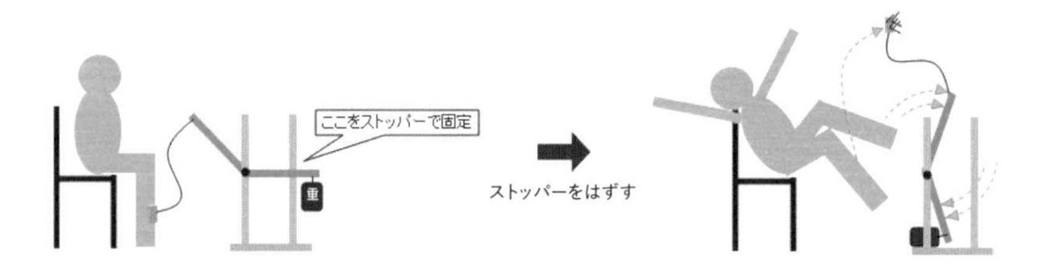

ガムテープをサーボモーターでひっぺがす仕組み

これは僕が昔作った、すねに貼ったガムテープを勢いよくはがしてすね毛を抜くマシン。その機構の説明図だ。実物はこんな感じ。

石川作品「すね毛剥がしマシン」

塩ビパイプで「てこ」が作ってあり、片方にはすねに貼ったガムテープが、片方にはおもり（水の入ったペットボトル）がつながれている。サーボモーターでてこを動かすのではなく、このおもりの重さでてこを動かし、ガムテープをはがすのだ。

じゃあサーボモーターはどこに使っているのかというと、てこを保持するストッパーだ。ここをサーボモーターにすることで、自由なタイミングでストッパーをはずし、てこを動かすことができる。

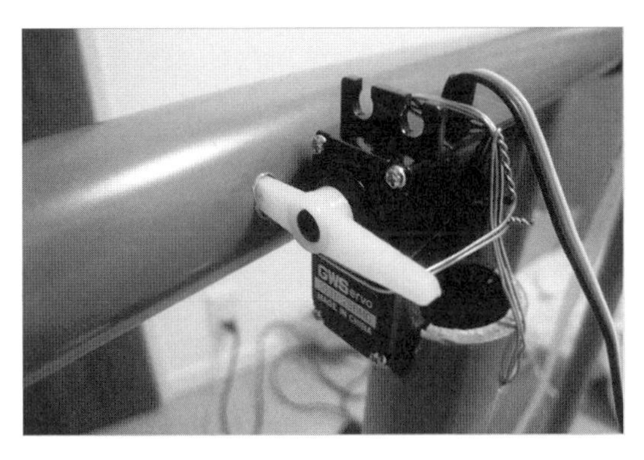

「すね毛剥がしマシン」のサーボモーター部

この装置ではマイコンをWi-Fiにつないだのでインターネット経由で遠隔で他人のすね毛を抜くことができ、エンタテインメント性が増した。

こんな感じで、電子工作で大きな力を使いたいときは、重力をうまく使うとモーターには出せない大きな力を出すことができる。

ゆっくりひっぱる

もうひとつ、DCモーターを使って引っぱる方法も紹介しよう。

これはギャル電の作品の一部で、クラッカーを鳴らすメカだ。ここではDCモーターとギヤボックスを使用している。クラッカーのひもを巻きつけたホイールを回すことで、ひもを巻き上げてクラッカーを鳴らしているのだ。

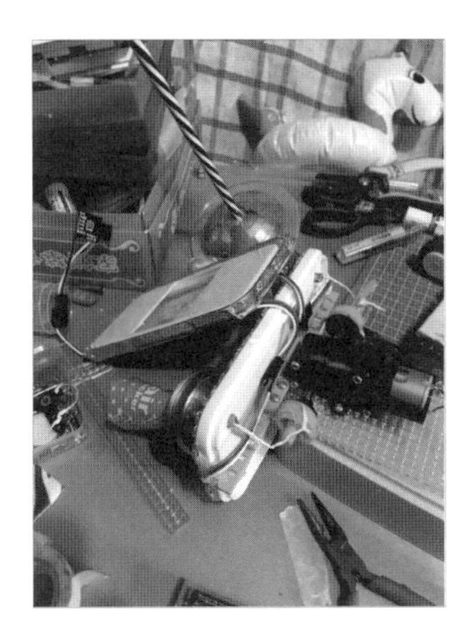
ギャル電のクラッカーを鳴らすメカ

クラッカーのひもを
ホイールで巻き上げている

このやり方であれば巨大なペットボトルを使わなくてもすむのでコンパクトなメカにできるし、それでいて強い力も出せる。ただ、速度はゆっくりだ。

「引っぱる」の可能性は無限大

さて、さっきから引っぱる話ばかりしている。引っぱる動きは作りやすいし、応用範囲も広いのだ。引っぱることで作れる機能の例をあげよう。

- 物を動かす
- 物を倒す
- ふたを開ける
- レバーを引く
- テープをはがす
- クラッカーを鳴らす
- 引き金を引く（おもちゃの銃やシャボン玉ガン）
- （ペンを引っぱって）線を引く
- （どこかにつないだロープを引っぱって）自分が前に進む
- 糸で柔らかいものを切る（ゆで卵など）

ほかにいくらでもありそうだ。紹介したような単純なメカでも、たくさんの動きが作り出せる。

次に、引っぱる以外のメカも紹介しよう。

物を振る

これは、「シャカシャカポテトを振るマシン」だ。

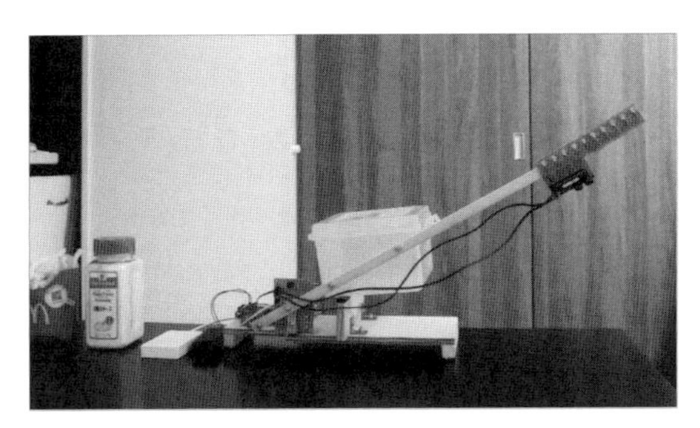

石川作品「シャカシャカポテトを振るマシン」

これは、DCモーターとギヤボックス、そしててこを組み合わせて動きを作っている。斜めに伸びている角材がてこ。角材は左下の端でギヤボックスに固定されている。その少し右上にてこの支点があり、右上に作用点であるポテト入れがある（さらに右上にはLEDがついていて、ポテトを振ると同時に残像で空中に文字が書ける）。

動きの仕組みは右図のようになっていて、ギヤボックスのシャフトが回転する運動を、棒を振る動きに変えている。

ところで、この作例で僕がみなさんにお伝えしたいのは、「この機構を覚えて使ってね！」ではない。僕がこの機構を思いつき、実装にたどり着くまでのやり方だ。実はこのメカは、車のワイパーの機構をインターネットで調べ、それをまねしたものなのだ。

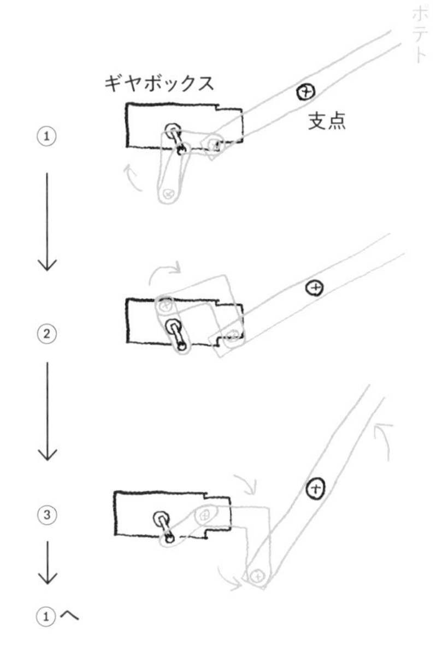

モーターが回転する動きを棒を振る動きに

それまでやったことがない動きを実装したいとき、それが何の動きに近いかを考えて、その仕組みを調べてみると実現にかなり近づける。これがポイントだ。

リンク機構を使う

リンク機構というのは、棒と関節を組み合わせていろいろな動きを作る機構の総称。さっきあげたワイパーの仕組みもそうだし、身近な例では傘を開く機構もリンク機構だ。

ここではこの作例を見てもらおう。

石川作品「メガネに指紋をつける機械」

これはメガネに指紋をつける機械。左右に2本のアームが伸びているのがわかるだろうか。上のメガネスタンド部分にメガネをかけると、このアームがグワッと閉じてレンズをはさみ込み、スタンプのようにペタッと指紋をつけてくれる。

このアームではさむ動作を、リンク機構で実装している。

使っているのはサーボモーターで、これを90度くるっと回すとアームが閉じ、元に戻すと開く。1つの回転で2つのアームを動かすこの機構、我ながらよくできてる！

さて、実際自分の作品を作るとき、どうやってこんなの作ったらいいのだろう。自力ではとても思いつけそうもないし、それに身近で似た動きのものも思いつかない。

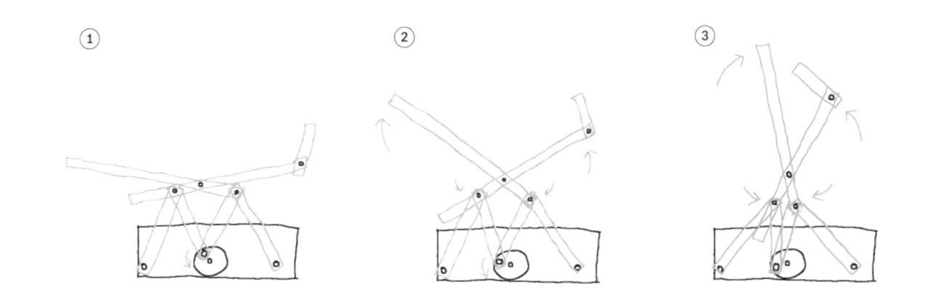

モーターの回転でアームが閉じたり開いたり

そういうときは、ソフトウェアにサンプルプログラムを流用するように、機構も機構のサンプルを探して流用しよう。リンク機構には定番のパターンがいくつもあるので、「リンク機構 種類」とかでネット検索するといろんな例が見られる。できればリンク機構の本を1冊持っておくと、できることのバリエーションが一気に広がると思う。作りたい動きがあるときに調べるほか、機構を眺めてその動きから作れるものを考える、アイデア出しにも使えそうだ。

ちなみにリンク機構を実装するときは、さっきの指紋をつけるマシンでも使っている、タミヤのユニバーサルアームとユニバーサルプレートがおすすめだ。等間隔に穴の開いた棒と板で、リンク機構を作るための留め具もついている。リンクは棒同士の接続位置がちょっと変わるだけで動かなくなったりするので、少しずつ調節しながら試行錯誤できるこのパーツは、雑工作にうってつけだ。

火花を出す

最後に、もはやメカと言っていいのかわからないけど、ギャル電がおもしろい作例を見せてくれたので紹介したい。火花を出す機構だ。

円盤が2枚重なっていて、下の円盤にはサンドペーパーが貼りつけてあり、上の円盤にはライター石が取りつけてある。上の円盤をモーターでぐるぐる回すことでライター石がランダムなタイミングでサンドペーパーに当たり、火花が出るのだ。

ギャル電作品「火花装置」

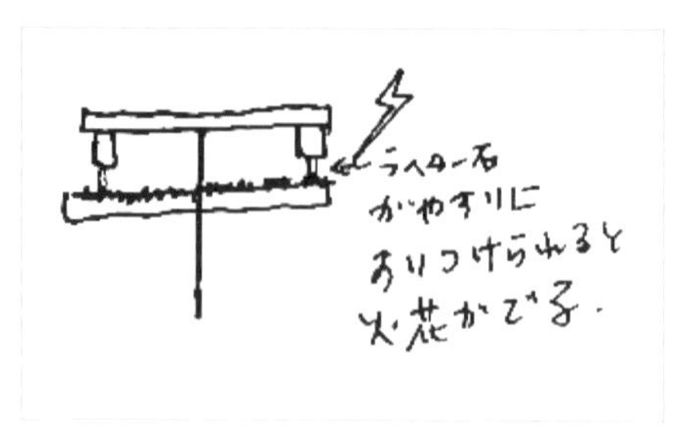

回転の摩擦でライター石をスパークさせる

この仕組みは、ゼンマイで走りながら口から火を吹く怪獣のおもちゃを参考にしたよ！〔G〕

光らせたいときにはLEDを使いがちだけど、火花を散らすのはまた違った派手さがあっておもしろい。可燃物を近くに置かないようにだけ注意しよう！

メカも雑に作れる！

メカとか機構とか聞くと、むずかしそうとか、しっかり設計しないとできなそうとか思ってしまうかもしれない。でも雑にパッと作ってみて、動かしながら試行錯誤して調整していくだけでもわりと何とかなる。それにフィジカルな試行錯誤の過程はプログラミングや回路のデバッグとはまた違う楽しさがある。何より作れる作品の幅がぐっと広がるので、ぜひ挑戦してみてほしい。

DCモーターと仲よくなる

ぐるぐる回すにもコツがある

石川大樹

DCモーターというのは直流電流で動くモーターのこと。いわゆる「モーター」と言えばDCモーターのことだ。電子工作を始める前から、ミニ四駆などで慣れ親しんできた人も多いパーツだと思う。しかし実際自分の作品に組み込もうとすると、意外に扱いにくいものだ。

電流喰いなのでマイコンから制御しにくいし、つるっとした形で作品への取りつけがむずかしい。回転は速すぎるし、パワーも弱い。あのシャフトにどうやって回したいパーツをくっつけていいのかわからない。

そんな扱いにくいモーターをいかに手懐けるか……あるいは手懐けないで違うものを使うか……といったあたりのノウハウをここでは紹介していきたい。

まずはモーターを選ぶところから

さっきモーターに対していろんな文句を書いた。そのうち、

- つるっとした形で作品への取りつけがむずかしい
- 回転は速すぎるし、パワーも弱い

- あのシャフトにどうやって回したいパーツをくっつけていいのかわからない

この3つに対しては、すごく単純な答えが待っている。それは「そうじゃないモーターを使え」だ。

僕が電子工作を始めて間もない頃、モーターを使いたくてまず購入したのがこれだ。

ミニ四駆等にも使われるド定番のモーターで、「130モーター」とか呼ばれている。

最初に買った「130モーター」

たしかにド定番ではあるが、よっぽど低負荷で高回転を得たい場合を除けば、工作でこれをそのまま使うのは適さない場合が多い。

ではどんなものが使えるのか、以下に紹介していこう。

タミヤのギヤボックス

タミヤのギヤボックスと
130モーター

単体で使いにくい130モーターも、ギヤボックスに入れると一気に使いやすくなる。何枚ものギヤがモーターの回転を遅く、そして力強くしてくれるからだ。たくさんのラインナップがあって、2つのモーターを使えるものや、組み替えるとギヤ比を変えられるものなど、さまざま。

これのよいところは、まず固定がしやすいところ。ギヤボックスを土台につけるためのネジ穴がついているし、シャフトの先にも回したいものを固定するためのパーツがついている。使いたい回転数のものがラインナップされているのであれば、またサイズ的に大きくなっても問題なければ、最初に選択肢にあがるのがこれだ。

ちなみにメーカーのサイトには、「344.2:1」とか「12.7:1」とかギヤ比で回転速度が書かれている。モーター自体は3ボルトで回してだいたい1万〜1万5,000回転／分くらいじゃないかと思う。これを比で割れば、たとえば「344.2:1」なら30回転／分くらいとわかる。

TTモーター

「黄色いモーター」こと
TTモーター

僕はTTモーターと呼んでいるけど、単に「黄色いモーター」と呼ばれることも多い。ギヤの入った低速回転のモーターで、やたら安いのでワークショップや教育用でもよく使われている。タイヤとセットで売られていることが多いのも、人気の理由かもしれない。

シャフトが一方だけ出ているものと両側に出ているものなど、微妙にバリエーションがある。ギヤ比が違うものも売られているのを見たことがある。

本体にネジ穴こそないが、角ばっているので土台への固定はしやすい。いい感じにゆっくり回るしトルクも出るので使いやすいのだけど、シャフトの先に部品をつけるところだけが難所。やり方は4つほどある。

①セットのタイヤをつけてホイールに部品を固定する
②シャフトの先は枕型になっているので、2本の棒ではさんでボルトなどで締めつけると固定できる
③ 3Dプリンターや木材を削るなどしてシャフトの形に合わせた穴のある部品を作る
④直結しないでベルトを使う

①〜③はシャフトに直に部品をつけるパターン。僕は③の部品の作り置きを3Dプリンターでいつかしようと思いつつ……先延ばしになっていて、結局②でやることが多い。

④はシャフトに直結しないで回転だけ伝えるパターン。ベルトといっても輪ゴムを巻いてやるだけでもいいので、もしかしたらいちばん簡単かも。ベルトを使う場合、直接輪ゴムを巻かないでプーリーを作れば、回転比を変えてスピード調節もできる。下の写真ではイルミネーションライトのレンズを輪ゴムで回転させている。

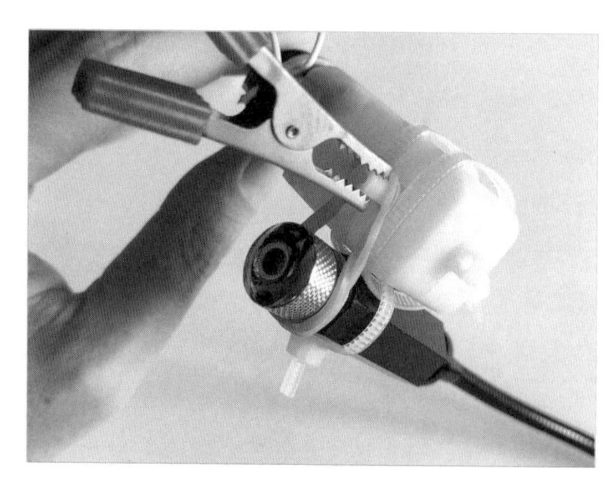

クリップはシャフトから輪ゴムがはずれないようストッパーの役割。クリップが邪魔ならホットボンドでふくらみをつけるだけでもいいかも

PC用ファン

PC用ファンも使える

ギヤボックスより速い回転がほしいときに、意外に使えるのがこれ。サイズや電圧にバリエーションがあって選択肢が多い。そもそもDCモーターを使う用途として「プロペラで風を起こしたい」場合がけっこうあって、そのときはこれ一択。

それ以外に、回転軸に何かを取りつけて回したいときも、ファンの真ん中が平面になっているので接着剤等で部品をくっつけるのが容易。しかしPC用ファンを使うかどうかにかかわらず、このレベルの速い回転数でなにかを回すと遠心力で吹っ飛んだりガタガタ振動することが多いので、覚悟しておかなければならない。

ファンのまわりに枠がついていてボルトを通す穴もあるので、形状的にも使いやすい。ケーブルが3本線のものは速度制御をする前提のファンなので、2本のものを買おう。

マブチモーターのモーターベース

モーターベースと130モーター

「モーターを使って回したい！」って思ったとき、たいていのケースは、上3つのうちのどれかで事足りるのではないだろうか。

でもどうしても130モーターをそのまま使いたい場合は、土台に固定するためにこんな金具が売られている。

シャフトに部品を固定する方法は……僕もどうしていいかわからないけど、ピニオンギヤ（シャフトの先端につける円筒形の小さいギヤ）をつけた状態でホットボンドで固めたりしたら用途によってはいけるかもしれない。

端子に銅線をつける

上で紹介した中で、PC用ファン以外は、結局130モーターが中に入っている。このモーターにはもう1つ弱点があって、銅線をつなぐ端子が非常に薄い金属でできており、もげやすい。

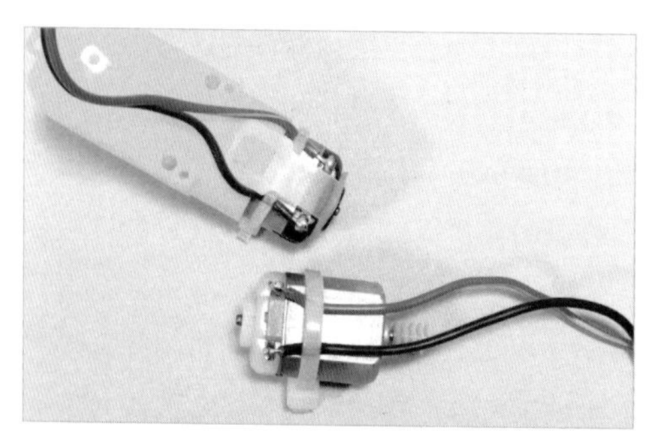

端子に銅線、そして結束バンド

こういう感じで、はんだ付けした後に結束バンドで巻いてやるとまず端子がもげることはなくなる。はんだごてがなくて銅線をよじって配線しているような場合でも、この処理をしておけば十分戦える強度になるだろう。

回転を制御する

さて、いよいよ回転の制御だ。雑工作のレベルで覚えておきたいことは2つ。スイッチングとPWMだ。

スイッチング

電池にモーターをつなぎっぱなしにするのなら簡単だけど、マイコンからON/OFFしたい場合もあるだろう。モーターは大電流が流れる部品なので、LEDのようにデジタルピンにつないで手軽にON/OFFすることができない。

かわりに使われるのがモータードライバーという部品。モータードライバーをデジタルピンにつなぎ、モータードライバー経由でモーターを接続することで、安全にモーターのON/OFFができる。

またモータードライバーはON/OFFだけでなく、回転方向の制御もしてくれることが多い。マイコンのプログラムを書くだけで、電源をつなぎ換えることなく逆回転もさせられるのだ。

「TB6612FNG」(TOSHIBA)というモータードライバーがおすすめで、秋月電子通商(AE-TB6612)やSparkfun(ROB-14450)ではブレッドボードでも使いやすいモジュールの形で売られている。

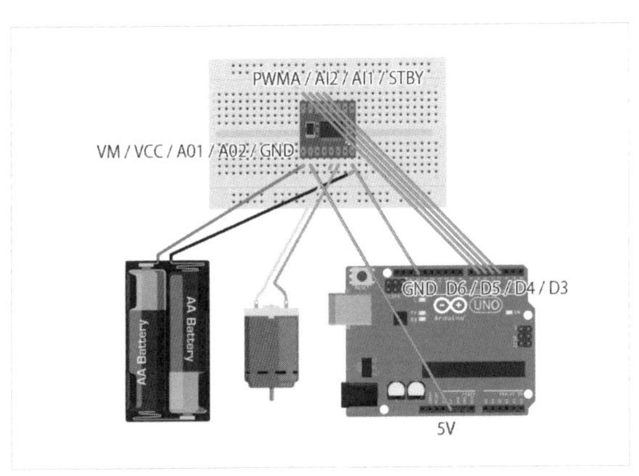

モータードライバー(ROB-14450)の接続例

モータードライバー(ROB-14450)を使ってモーターを回しているところ

ちなみに、モータードライバーの代わりに「MOSFET」（電界効果トランジスタ（FET）の一種）という部品を使ってもモーターの制御ができる。安いけどちょっと回路が複雑になるし回転方向の制御もできないので、慣れるまではモータードライバーを使うのがいいと思う。

PWM

PWMというのは、ギヤを使わずにモーターをゆっくり回す技。「Pulse width modulation（パルス幅変調）」の略で、要はモーターのON/OFFを繰り返すことでモーターをじわじわ回していく。マイコンの入門書でLEDを暗く光らせるために、高速でON／OFFを繰り返すようなプログラムを書いた人もいるかもしれない。あれもPWMだ。

モータードライバーを使う場合は、モーターを回転させるピンとは別にPWM専用のピンがあるので、そこにPWM信号（Arduinoなら analogWrite関数）を送ってやればいい。注意点としては、ギヤボックスはモーターを遅くしたぶんトルクを強くしてくれるが、PWMはそうではない。負荷が低いときにしか使えない点には気をつけよう。

だけどプログラムを変えるだけで遅くできるので、一通り工作を終えてしまった後の調整や、ギヤボックスを買いに行くのが面倒な場合は便利に使えるだろう。

電源について

モータードライバーなどを使ってマイコンから制御する場合、入門書などを見ると、マイコンとモーターの電源はわけているケースが多いと思う。特に電源に乾電池を使う場合は、電力不足でマイコンが再起動してしまったりするので、素直にわけたほうがいいように思う。

ACアダプターから電源を取る場合、ACアダプターのアンペア数によっては共通化しても大丈夫だ。そのときのつなぎ方は、「とにかく並列につないでいく」の145ページを参考にしてほしい。

以上が雑工作流のDCモーターの使い方だ。なにかを回したくなったらぜひ役立ててほしい。

なんでもタッチセンサーにしてしまえ

フォーク、リンゴ、コップの水……全部センサーにできる

石川大樹

最近の家電にはタッチセンサー式のものがよくある。電気スタンドや電子レンジなど、ボタンのかわりに絵だけが書いてあって、そこに手を触れると反応する。

スマホの画面も一種のタッチセンサーだ。液晶画面に触れるだけでアプリを立ち上げたり、ウェブサイトを見たりできる。

これらはどちらも静電容量式タッチセンサーという仕組みなのだけど、実はこのセンサーはものすごく簡単に自作することができる。しかも、身の回りのいろんなものをスイッチにできてしまうのだ。

コップをつかむとライトがつく。水面に触れるとモーターが回る。そんな作品の作り方を見てみよう。

タッチセンサーにできるもの

タッチセンサーにできるものは、大きく分けて2種類ある。

1つは金属。ステンレスのフォーク、鍋、アルミの保温タンブラー、アルミホイルなど。もう1つは、水分の多いもの。トマト、リンゴ、コップに入れた水などだ。予想外のものを入力デバイスにできるので、インパクトの強い作品を作れるだろう。

サンプルとして、こんな作品を雑に作ってみた。

水がワインになるタンブラー

水がワインになるなんて、そんな奇跡みたいなものを作ってしまって何らかの報いを受けるのではないかと心配になるが、とにかくこれが今回の作例である。

ふだんはただ水の入ったタンブラーだが……

水を飲もうとタンブラーをつかむと、赤ワインになる！

……といっても実際にワインになるわけはなく、赤いLEDで水面を照らしただけだ。でも、意外にそれっぽい視覚効果があった。禁酒中に飲酒気分だけ味わうのにいいかもしれない。あるいは禁“奇跡”中に奇跡気分だけ味わうのにもいいかもしれない。

ポイントはタンブラーが金属製であるところで、おかげでタッチセンサー化することができた。残念ながらワイングラスでは同じことはできない（表面に導電性の塗料を塗ればできるかもしれない！）。

デバイスの構造

静電容量センサーの自作は驚くほど簡単だ。次ページの図が配線図である。

このうち、デジタルピン6とGNDにつながっているのはLEDの回路なので、センサーとしての回路はデジタルピン2と4を結んでいる抵抗と、そこから分岐している配線だけ。配線の先をワニ口クリップで金属製のタンブラーにつなぐことで、タンブラー全体がタッチセンサーになる。

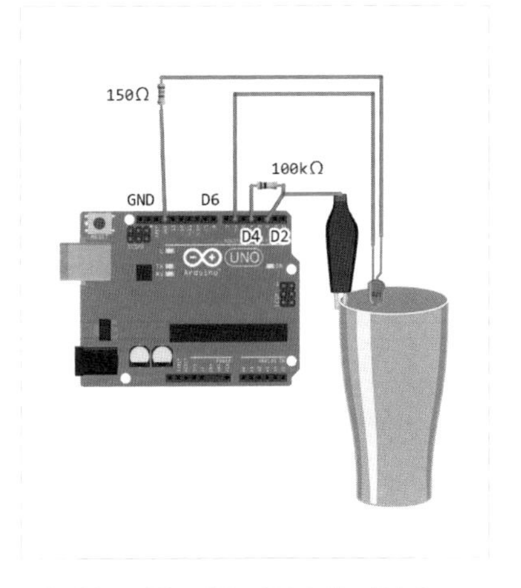

これでタンブラーがタッチセンサーになる

プログラムの方はかなり複雑なロジックになるのだけど……朗報だ。Arduinoならいい感じのライブラリが用意されていて、こちらも簡単に書くことができる。

まずArduino IDEのメニューから「ツール」→「ライブラリの管理...」を選んで、ライブラリマネージャを表示しよう。検索欄に「CapacitiveSensor」と入れて検索すると、「Capacitive Sensor by Paul Badger…」というライブラリが表示される。これをインストールしよう。

インストールができたら、このようなコードで水をワインに変えられる。

```
#include <CapacitiveSensor.h>
CapacitiveSensor cs = CapacitiveSensor(4,2); //センサーの定義
const int ledPin = 6;
long value = 0; //センサー値の格納用変数

void setup(){
  Serial.begin(9600);
  pinMode(ledPin, OUTPUT);
}

void loop(){
  value = cs.capacitiveSensor(30); //センサー値の読み込み
  Serial.println(value);
  delay(100);
```

```
  if (value > 100) {
    digitalWrite(ledPin, HIGH);
  } else {
    digitalWrite(ledPin, LOW);
  }
}
```

LEDの制御やシリアルでセンサー値を送る処理で行数が増えているが、センサーを使うための最低限のコードは最初のincludeと、あとコメントの書いてある3行だけだ。たったの4行！

センサーの値がどのような値かはシリアルモニターで見ることができる。僕の環境ではふだんは0〜1、タンブラーに触ると180前後にぐっと上昇した。上のプログラムでは、100を超えたらLEDが点灯するようにしてある。

ちなみにライブラリのサンプルコードには複数の静電容量センサを同時に扱うプログラムも入っている。これを参考にすれば、複数のタンブラーをつないで、水を赤ワインとブルーハワイとレモンジュースに変えることもできそうだ。

なんでもタッチセンサーにしてみよう

僕はこの仕組みを見ると、アーティストの市原えつこさんが昔作っていた、触るとセクシーな声を出す大根の作品のことを思い出す。それも同じ仕組みで、大根をタッチセンサーにして作られたものだ。意外なものをセンサーにするのはおもしろい。試したことはないが、もしかしたら階段の手すりや、道路のガードレールなんかもセンサーにできるかもしれない。

それからもう1つ便利な活用法があって、それはアルミホイルとの組み合わせだ。ペンにアルミホイルを巻けばペンを握っていることが検出できる。これで以前「5秒以上握っていると怒る蛍光マーカー」を作ったことがある（教科書にマーカーを引くとき、長くだらだら引かないで要点にだけ短く引くべきだから）。

ほかにも車のハンドルを握ったとか、ヘッドフォンを耳につけたみたいなセンシングが、人体が接触するものであれば何でもできてしまう。表面が銀ピカになってしまうという副作用はあるけど。とてもおもしろい技なので、ぜひ活用してみてほしい。

いろんなマイコンボード

雑に使いやすい マイコンボードはどれだ？

石川大樹

僕はArduino Unoが好きで、電子工作初心者の友人にマイコンボードのおすすめを聞かれたら、たいていそれをすすめている。

しかし世の中にはちょっとずつ機能の違ういろんなマイコンボードがあって、適材適所で使いわけることでできることが広がったり、より簡単にできたりする。

ここでは僕がおすすめするマイコンボードそれぞれの特徴と、選ぶ基準を紹介していこう。

いろいろなマイコンボード

基本のArduino Uno

Arduino Unoはもっとも標準的なArduino。強みとしてはなんといっても情報量の多さだ。2010年発売で10年を超える歴史があるので、ネットで「Arduino 赤外線リモコン」みたいに、自分のやりたいことを入れて検索するとたいていのことはヒットする。またシールド（ボードにくっつけて追加機能を提供する基板。モータードライバシールドとか）もたくさん発売されている。プログラム面でも便利なライブラリが豊富で、いろんなことが楽にできる。

ちなみに執筆時点での最新モデルはArduino Uno R3で、ちょうどこれを書いている2023年に後継機のArduino Uno R4が発売されたばかり。既存の機能については互換性があるはずで、そのうえでWi-Fi搭載モデルの拡充も行われているようだ。

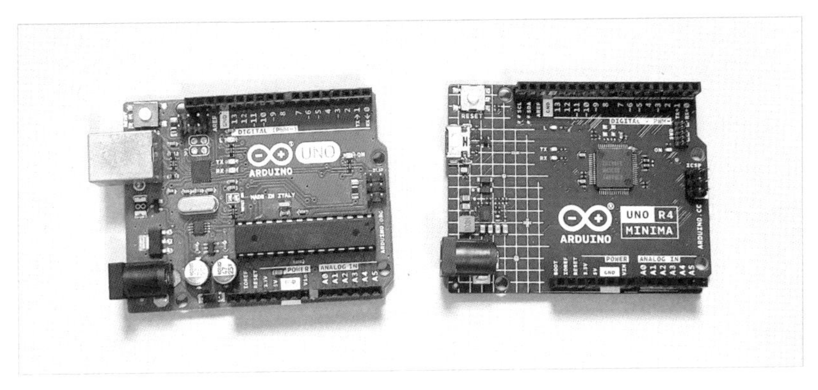

Arduino Uno R3（左）とArduino Uno R4 Minima（右）

マウスやキーボードとして使えるボード

Unoと同じArduinoシリーズであるArduino Leonardoは、HID（ヒューマン・インターフェース・デバイス）機能を内蔵している。これはPCに接続するとマウスやキーボードとしてふるまえるというものだ。これを利用すると、たとえばUSB接続すると長いパスワードを自動入力してくれるマシンとか、マウスで絵を描いてくれるマシンを作ることができる。

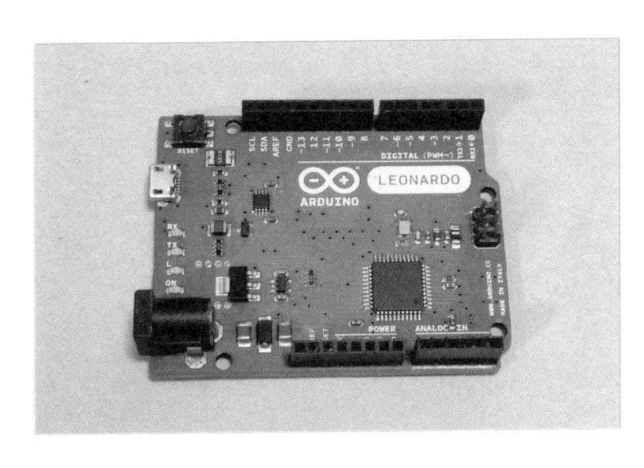

Arduino Leonardo

同様にHID機能を内蔵したPro MicroというマイコンボードがSparkfunから出ており、機能は似たような感じだがこちらのほうがサイズが小さい。そのため、自作キーボードを作っている人たちに愛用されている。

また、Arduino UnoもR4からはHID機能を搭載している。

小さいボード

小さな工作で使いたいときは、Arduinoシリーズの中ではArduino Nanoが小さくて使いやすい。機能はArduino Uno R3とほぼ同じだけど、ブレッドボードにも載せられるのでまた別の使い道があるだろう。

それよりもっと小さくしたい場合は、Digisparkという2センチ×3センチくらいのすごく小さなボードがある。こちらはHID機能もついていて、僕は100均のカード電卓にこれを埋め込んで「PCにUSB接続すると（Windowsアプリの）電卓が立ち上がる電卓」を作ったことがある。ただしちょっとクセがあって、載っているマイコンが小容量なのであまり複雑なことはできない。またP5（デジタルピンの5番）はRESETピンを兼ねていて、入力のつもりで電圧をかけると再起動してしまうので注意。

現在本家のDigisparkはすでに販売終了しているが、オープンソース製品のため互換機が入手可能だ。

Arduino Nanoと
Digispark（互換品）

液晶やバッテリー搭載のM5Stack

M5Stackは樹脂製のケースに収納されていて、マイコンボードというよりガジェットと呼んだ方がしっくりくる見た目をしている。いろんなモデルが出ているが、いちばんベーシックなM5Stack Basicシリーズでも、TFTカラー液晶、3つのボタン、バッテリ、Wi-Fi通信、SDカードスロットやスピーカーなど多くの機能が搭載されている。さらに加速度センサーが搭載されたモデルや、液晶の代わりに電子ペーパーを搭載したモデルなどもある。

よく見かける使い方としては、たとえばCO_2センサーをつなげばそのまま液晶に値を表示して部屋のCO_2測定器が作れるし、スピーカーを使って高濃度時にアラームを鳴らすこともできる。あるいは液晶とボタンを活用して、作品を動かすための操作メニュー画面を作るなんてことも可能だ。

プログラミングを「UIFlow」というブロック風のグラフィカルな画面で行うこともできる。個人的にはArduino Unoと並んで初心者にすすめたいデバイスだ。

M5Stack Basicと
M5Stack Gray
（Grayは現在販売終了）

ネットワークを使えるボード

M5Stackにもネットワーク機能が搭載されているが、あそこまでいろんな機能は必要ないという場合は、もう少しシンプルなボードもある。スイッチサイエンスが販売しているESPr Developer 32や、Espressif SystemsのESP32 DevKitCだ。

インターネットに接続することで、天気予報と連動するデバイスを作ったり、ウェブサイトの記事の更新を通知してくれるようなデバイスも作れそうだ。

また執筆時点では国内では使えないが、Arduino Uno R4にもWi-Fi対応版が発売されている。

スイッチサイエンスのESPr Developer 32（ピンソケットは筆者が取りつけたもの）

マイコンというよりコンピューター、Raspberry Pi

Raspberry PiはLinuxを動かすことができ、マイコンボードというよりも小さいコンピューターと呼んだ方がしっくりくる。もしあなたがLinuxの使用に慣れているのなら、Arduinoよりもむしろこちらのほうがとっつきやすいかもしれない。Pythonなど使い慣れた言語でプログラミングできるのも魅力だろう。メモリ容量も大きいので、画像処理などの複雑な処理が可能だ。もちろんGPIOピン（入出力ピン）がついているので、電子工作にバリバリ活用可能。注意点としてはGPIOピンの電圧が3.3ボルトなので、Arduino用の部品は互換性がない場合がある。

また、より小型のRaspberry Pi Zeroというモデルもある。

くわえて、Linuxを搭載しないRaspberry Pi Picoというボードもある。こちらは本当にマイコンボードで、Arduinoに近い。MicroPythonというPython言語に近い言語でプログラミングできるので、使い慣れている人の選択肢としてはアリかもしれない。

Raspberry Pi 4と
Raspberry Pi Pico

オープンソースと互換機

上で紹介した中で、Arduinoシリーズと Pro Micro、Digispark、ESP32 DevKitCについては、オープンソースライセンスが宣言されている。そのため、他のメーカーから安価な互換機が発売されている。

これらを使用すると安くすむが、反面で品質が安定しない傾向もあるので、いずれも少なくとも最初の1台は純正品を買うことをおすすめしたい。

開発環境について

上で紹介したうち、Raspberry Piシリーズをのぞくすべてのマイコンボードは、Arduino IDE上でプログラミングを行うことが可能だ。ボードマネージャという機能を使うことで、Arduino IDEをさまざまなマイコンボードに対応させることができる。詳細は各ボードのドキュメントやチュートリアルを参照してほしい。

AVRをそのまま使う

最後に、少しテクニカルなのでこの本の趣旨からそれるかもしれないが、僕がいちばんよくやっているマイコンの使い方を紹介したい。

Arduino Uno（R3まで）にはAVRというマイコンが載っているが、このマイコンは単体で使うこともできる。ボードを買うより安く、また小さくてブレッドボードやユニバーサル基板に実装しやすい利点がある。

プログラムは、Arduino IDEで開発することができる。書き込みにはArduinoを書き込み装置として利用するのだが、くわしいやり方は長くなるのでここでは割愛する。興味のある人は僕のブログ記事を見てほしい（「Arduino IDEから、生のAVRにスケッチを書き込む方法」https://nomolk.hatenablog.com/entry/2016/06/21/001322）。

複数のマイコンボードを使ってみて慣れてきたなと思った頃に、チャレンジしてみてもいいかもしれない。

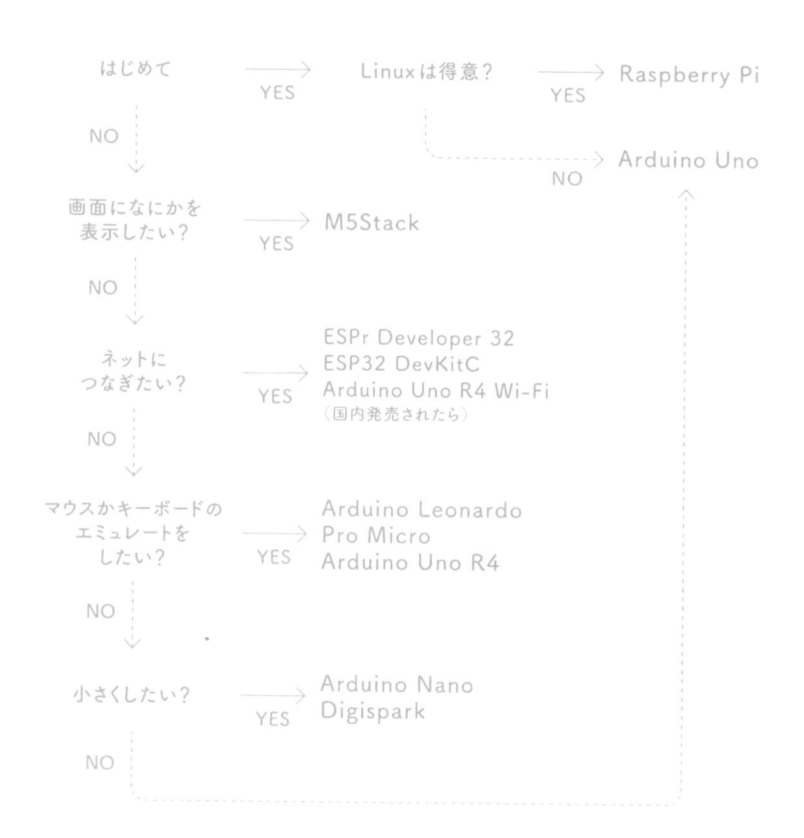

HOW TO

材料の集めかた

電子工作の材料は
こう買えばむずかしくない！

ギャル電

電子工作の部品は種類がいっぱいあるし、ぱっと見で形やサイズが同じように見えても全然中身が違うものだったりして、最初のうちは材料集めるだけで力つきちゃう。

しかも、電子部品は専門のお店でしか売ってないことが多いし、なにか作りたいものを思いついたときに気軽に材料をそろえるのってむずかしい。ドンキでArdinoを買えたらいいのにね。

そもそも、電子工作をよくやってる人っていつも「どういうところでどうやって材料集めてんの？」って話をするね。

とりあえずお手本の通りにそろえる

ほかのページでも繰り返し言ってることだけど、電子工作初心者の頃はマイコンボードやセンサーのチュートリアルや、作ってみたい単純な仕組みの作例を見て、必要な材料や工具を買い集めるってところから始めるのがやりやすいよ（37ページあたりを参考に）。

作例の通りに何回か作るうちに、なんとなく電子部品の種類とかマイコンボードや工具の使い方がわかってくる。「この部品、よく登場するな」っていう材料のイツメン（いつものメンバー）が少しずつできてきたら、少し手を広げて「失敗してもまあいっか」って値段の、おもしろそうな部品に少しずつチャレンジしていくのがおすすめだよ。

電子部品を通販でゲット

電子部品を売っている実店舗は、都市部にはいくつかあるけど残念ながら数は少ない。

都市部に住んでてもわざわざ部品買い行くのめんどくさかったり、お店が開いている時間に間に合わなかったりするから、ギャル電は主に電子部品はネット通販で注文することが多いよ。インターネットは神！

ネット通販で電子部品をゲットするには、ものすごいおおまかにわけて、この2つの方法。

- 電子部品を扱っている専門のお店で買う方法
- Amazonみたいにたくさんの出品者やお店が集まっているサイトから買う方法

そのときに必要なものや状況で、使いわけてるよ。

専門店はお店によって売っているものがちょっと違う

電子部品は種類がめっちゃ多いから、電子部品専門のお店でも1つのお店で全部の材料をそろえることができないことがある。廃番になって在庫限りになっちゃってたり、そもそも特定の店舗でしか取り扱ってない商品とかもあったりするよ。

だからギャル電は、取り扱っている商品が多めで一般的な電子部品なら一通りそろっているお店をいくつかブックマークして、それぞれのサイトを見てからどこで買おうかなって決めてる。

あと、ロボットだったり、オーディオだったり、作るもののジャンルに特化した材料を取り扱っているお店もあるよ。

Amazonやアリエクで買い物するときに注意すること

Amazonやアリエク（AliExpress）は、いろいろなお店が出品しているものをいっぺんにチェックできるから、買い物がしやすい。便利で安いセット商品や、国内の電子部品専門店で取り扱っている商品とは少し違う種類のものを売っていることが多くておもしろいし、超便利！

でもAmazonやアリエクの出品者の中にはたまに品質がよくないもの、型番と性能がちがう偽物を売っている業者が混じっていることがある。だから、超初心者が買い物をするにはあんまりおすすめできない。最初のうちは、大手の電子部品専門店のサイトで材料を買うのがいいよ。ギャル電は、しっかりした長持ちするものを作るというよりはとりあえず動けばいいかなって、あんまり気にしないで使ってるけど。

Amazonやアリエクで買い物をするときには、次のポイントがあるよ。

- マイコンにつなぐだけで使える部品かどうか（別途専用モジュールがないと使いにくかったり、逆にモジュールのみの商品でメインの部品が別売りの場合もある）
- 送料や配送までの日数が問題ないか。商品によっては配送方法の選択でめっちゃ配送日数が変わるからそこも要チェック！
- レビューを一応読んで、「届かない」とか書いてないか
- 同じ部品で値段にばらつきがある場合は複数店舗を見て、だいたい平均くらいの値段の物を選ぶ。あからさまに値段が安すぎるお店は避ける
- 当たりはずれがあるから「当たったらラッキー！」って気持ちで買う

ギャル電は主にArduino互換ボードとかLEDテープとかを買うことが多いんだけど、だいたいこの方法で8割くらいは問題ない買い物ができてるよ。たまにArduino互換ボードは初期不良のやつがあるけど、安いし、多めに買うことでカバーしてる。

当たりはずれはあるけど、Amazonや、特にアリエクではまだ国内の電子部品の専門店では売っていない新製品が売っていることがあって超おもしろい。データシートがなんとなく読めるようになったら、みんなもチャレンジしてみてー!!

お盆と春節(旧暦のお正月)に注意!

電子工作をしていて、ギリギリの日数で電子部品をそろえないといけないとき、ふだんのスケジュール感で考えていると詰む時期が2つある。それは、夏のお盆と年明けの春節!!

お盆は国内の電子部品専門店が、店舗もウェブ通販も夏休み。Amazonやアリエクで買い物する場合は、春節（1月から2月くらい。その年によって期間は変わるよ）の時期に中国のメーカーやお店が長期休暇になるから、早めに注文していないと休み明けまで電子部品がゲットできないことがあるよ。

ギャル電は毎年忘れててめっちゃ困ってる。コンテストやイベントとかの締め切りがある工作をするときは要チェックだよ!!

電子部品をお店に行ってゲット

何回も言うけど、電子部品はめっちゃ小さくて種類が多い。そもそも最初は部品の名前もよくわかってないからどのコーナーに何があるのかもわからない。だから電子部品の店舗に行って、必要なものを探して全部そろえるのは最初はめっちゃむずかしい。

ギャル電が電子部品屋さんにはじめて行ったときに思ったことは、「必要な部品、今日中に探せる気がしねえ！」だった。実際に、探すのがめんどくさくなってあきらめて、家帰ってから通販でまとめて必要な部品を注文した。でも、ビビんなくてオッケー！　実店舗は実店舗のいいところがあって楽しいから行ってみてほしい。

実店舗の推しポイント

実店舗のよさはめっちゃ当たり前だけど実物が見れること！　大きさや厚みとかのサイズ感を実際に見て、「このサイズだったら○○に取りつけて使えそう」みたいに、できあがりを想像して部品が選びやすい。

それから、ウェブだと必要な部品を探すのが中心になっちゃうけど、実店舗だと自分が知らない部品をいっぱい見ることができる。電子部品はなんか独特の形してるやつが多いから、どんな部品なのかわからなくてもけっこう楽しいし、「知らないけどなんかいいな」って思った部品を安ければ買ったり、ちょっと高かったら型番をメモっておいてどうやったら使えるかをあとで調べて自分のイツメンの部品を増やすこともできる。
電子工作用の工具やツールや副資材とかも、お店でジャンルごとにならんでいるところを見て、今使ってるものより便利なものを発見できたりする。
必要な部品を確実にゲットしたいときは、部品の型番リストをちゃんとメモしておくのが超重要！　探している部品がどこにあるかわからないときは、お店の人に置いている棚の場所を聞いて確認したらいいよ。

もっと身近なお店でゲット

ギャル電はストリート電子工作派だから電子部品専門店以外でもけっこう電子工作部品ゲットしてる。
作例とかに必要な材料をちゃんとそろえるのは無理だけど、身近なお店でも意外と電子工作に使える材料が売ってる場合があるよ。

ホームセンター　（おすすめ度 ★★☆☆☆）

どちらかというと電気工事用のものが多くて、ホビー用の電子工作用品はあんまり期待できないイメージ。はんだ付けに必要な工具や消耗品、ニッパーやワイヤーストリッパーとかの工具とか、部品以外のものは何種類か置いてあることが多い。
でも、木の板とかパイプとかステー（取りつけ用金具）とかはめっちゃそろってるから、電子部品以外の材料で使いやすい素材を買うときにはめっちゃ頼りになるよ。

おもちゃ屋　（おすすめ度★★★☆☆）

大きめのおもちゃ屋さんや電気店のおもちゃコーナーは、モーターやタミヤの工作シリーズを扱っている可能性がある！　サーボモーターはギリ置いてない感じだけど、とりまモーターで動く系の工作するときはプラ板とかユニバーサルアームとかの材料がゲットできるから、チェックしてみる価値があるよ。改造できそうなセールおもちゃとかもあわせて要チェキ!!

100円ショップ　（おすすめ度★★★★★）

工作やDIYの強い味方100均！　電子工作コーナーはまだないけど、100均でも電子部品はけっこうゲットできる。

電子工作に使えるものを探すコツは、いろんなコーナーをくまなく見て、分解する前提で電池を使う商品をチェックすること。単純な仕組みのものが多いから、外見と機能で中に入っている部品がなんとなく想像できるものを買うと、失敗しづらいよ。電子工作の知識があんまりなくても簡単に使いやすいスイッチや電池ボックス、LED、LEDを点滅させる基板、スピーカー、ブザー、モーターとかをお得にゲットすることができる。電子工作界隈は100均大好きな人も多いので、SNSで「100均電子工作」とかで検索するのもおすすめ。

ギャル電おすすめ！

よく使う電子部品屋さんのオンラインショップ

秋月電子通商	akizukidenshi.com
千石電商	sengoku.co.jp
マルツ	marutsu.co.jp
スイッチサイエンス	switch-science.com
共立エレショップ	eleshop.jp
aitendo	aitendo.com
エルパラ	led-paradise.com
ヴイストン ロボットショップ	vstone.co.jp/robotshop/

よく使うショッピングモール型のオンラインショップ

Amazon	amazon.co.jp
AliExpress（アリエク）	ja.aliexpress.com

マイコン工作でおなじみの部品たち

石川大樹

本書では、雑に使いやすい電子部品をいくつか紹介しているが、ほかにも電子部品はたくさんある。どんなものがあるか、知っておくだけでもアイデア出しや実装方法を考えるときに役立つだろう。

ここではマイコンを使った工作でよく登場する部品を、名前だけ列挙しておこう。

センサー	・モーションセンサー（人の動きを検出） ・フォトリフレクター（光を発して反射を検出。ライントレースロボットなどで使用） ・温度・湿度センサー ・土壌湿度センサー（植物の自動水やり機などに使用） ・加速度センサー（センサー自身の動きを検出） ・ジャイロセンサー（センサー自身の傾きを検出） ・距離センサー（測距センサーともいう。赤外線や超音波などの反射を使って距離を測定） ・タッチセンサー ・曲げセンサー ・アルコールセンサー ・ロータリーエンコーダー（回転数や速度などを検出） ・音センサー（つまり、マイク！）
操作スイッチ類	・ボリューム／半固定抵抗（ツマミで抵抗値が変えられる抵抗器） ・ロータリースイッチ（ツマミで複数切り替えられるスイッチ） ・ジョイスティック ・ゲーム用押しボタン

出力	・ブザー ・圧電スピーカー ・7セグメントLED（デジタル数字が出せるLED） ・LEDマトリックス（8×8などの格子状にLEDが並んだパネル） ・ステッピングモーター（一定の角度ずつ回転するモーター） ・ソレノイド（軸が飛び出す。物を押したりはじいたりできる部品） ・キャラクタ液晶（簡単に文字を出せる液晶） ・グラフィック液晶（ドット単位で制御できる液晶） ・レシートプリンター ・MP3再生モジュール ・メロディIC（決まった音楽を鳴らす部品）
通信	・Wi-Fiモジュール ・Bluetoothモジュール ・赤外線受光モジュール（赤外線リモコンの信号を受信する部品）
その他	・カメラモジュール

もちろんこれですべてではない。電子部品屋さんを探検してみよう。

3章

回路や電気について もう一歩だけ 知ろう

電源はどこから取る?

乾電池とコンセントだけが電源じゃない

石川大樹

ひとくちに電源といってもいろいろあって、「初心者向き」に限定してもなおいろいろある。モーターを回すときは乾電池をつなぐのが簡単だし、マイコンでLEDを制御したいときはマイコンの出力ピンからそのまま電源を取ってしまうのが簡単だ（そしてそのマイコンはパソコンのUSBポートから給電しているだろう）。

だけど、そのうちモーターとLED両方を同時に使いたいときが出てくる。そうなったとき、電源はどこから取ったらいいのだろうか。

よく使う電源3選、プラス1

電気で動く作品を作るとき、何らかの形で電源をつながなければいけない。まずは、初心者でも使いやすい電源の候補を3つ紹介しよう。

乾電池

乾電池はとにかく最高。どこでも買えて最高だし、作りたいものによってサイズ（単1〜単5）を使いわけられるのも最高。本数を変えれば好きな電圧を出せるのも最高。おまけに9ボルト電池なんていうレアキャラもいてかわいい。

欠点としては電池ボックスを用意するのが意外と面倒。すぐ使うならいいけど、ストック部品にしようと思うと2本用、3本用、4本用……って数が増えてけっこうかさばる。僕は4本用電池ボックスを針金で短絡して3本用にするというのをよくやる。雑の醍醐味だ。

針金部分に何かが当たってショートすると危ないので、これをやるならマスキングテープなどでフタをしてやるといいと思う。

こんな感じ。
針金部分にはフタ、だよ

電池の本数は、何ボルトの電圧を取りたいかで決まる。1本あたり1.5ボルト。市販の電気製品で乾電池3本の機器はあまりないが、電子工作では3本使って4.5ボルトにして、5ボルト用の部品を動かすのはよくやる。

コイン電池

乾電池より小さい電池の仲間として、CR2032などのコイン電池や、LR44などのコイン電池もいる。これらは小さくて最高だ。特に光るバッジを作りたいときは、特に最高。手のひらサイズのブザーを作りたいときにも使える。ただ、非力なのでモーター動かすのはむずかしいだろう。

ACアダプター

ACアダプターも、とにかく最高。コンセントさえあれば無尽蔵に給電できる。電池切れとは無縁。これが本当に最高。逆に欠点は、野外などコンセントのない場所で使えないところかな。あとどうしても有線になってしまうので、見た目を重視したいとか、動き回るものを作りたいとかで避けたい場合もある。

ACアダプターはいろんな電圧のものがある。本体の見やすいところにこういう感じの表示があると思う。

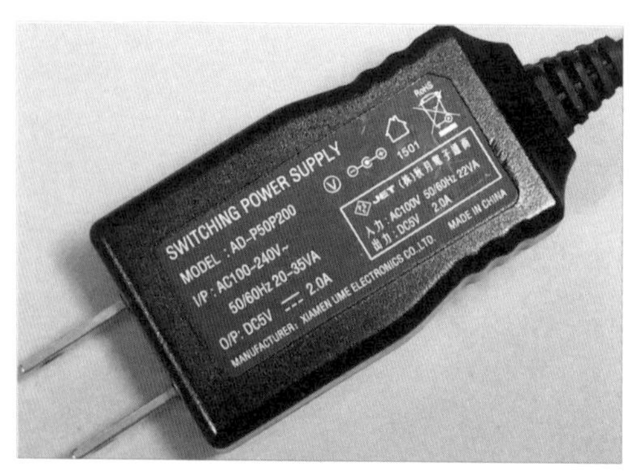

ACアダプターの表示例

「出力」とか「OUTPUT」とか書いてあるところを見てみよう。写真のものは「5V 2.0A」と書いてある。5ボルトのほうがこのACアダプターから取れる電源の電圧で、使いたい部品の動作電圧に合わせて選ぼう。2.0アンペアのほうは流せる電流で、これは大は小を兼ねるので大きいものを選べばOK。モーターとか動かす場合はできれば2アンペア以上あると心強い。

右上にある「+」とか「−」とか書いてあるマークは、ジャックのどっち側が+になっているかの極性。たいていセンター+が多いと思うけど、違うものをつながないように注意しよう。

これだけわかればACアダプターはマスターしたも同然。電気製品買ったときにACアダプターけっこうついてくるよね。いらなくなったやつを工作専用にしよう。

ちなみに、ACアダプターだけは安物を買うより、信頼できるパーツ屋さんで買うのをおすすめする。燃えると怖いからだ。

モバイルバッテリー

上記の3つにくわえて、モバイルバッテリーも紹介しておく。残念だが、モバイルバッテリーは最高ではない。なぜなら、消費電力が低いと自動で給電を止める保護回路がついており、マイコン程度の消費電力だと止まってしまうことが多いからだ。

電子工作用に保護回路のない製品も出ており、これであれば電源として使用できる。「cheero canvas IoT機器対応」というシリーズがそうだ。

この問題さえクリアできれば、モバイルバッテリーもまた最高だ。なんといっても充電して何度も使える。また、モバイルバッテリーをつなぐつもりでUSBコネクタをつけておくと、パソコンにつなぎかえてパソコンのバッテリーを使うこともできる。バッテリーとしても大容量だし、パソコンをコンセントにさせば容量無限になる。

電圧は、5ボルト固定だ。5ボルトで動くパーツを使うようにしよう。

モバイルバッテリーの中身であるリチウムポリマー電池やリチウムイオン電池は単体でも売られていて値段的にはかなり安いのだけど、雑に扱うと爆発するのでモバイルバッテリーの形で買おう。

もっと汎用的に——DCジャックをつける

と、4つの電源を紹介してきたけど、実は僕のおすすめはこの中のどれでもない。おすすめは「DCジャックをつけてどれからでも給電できるようにする」だ。

DCジャックというのは、ACアダプターをさす穴のこと。ACアダプターなのになんでDCジャックなんだよ、という感じもするけど、ACアダプターはAC（交流）をDC（直流）に変換するもの→そのDC側のプラグ、ということでDCジャックなんだと思う。

DCジャックのおすすめ

DCジャックはいろんな形のものが売られているが、個人的にはスイッチサイエンスで買える「ブレッドボードにささるDCジャック」をよく使う。これはブレッドボードはもちろん、ユニバーサル基板にも使えて便利だ（ブレッドボードの場合ははずれやすいので、さしてからマスキングテープかホットボンドで固めてしまうとよい）。

DCジャックをつけたら、間違ったACアダプターをさしてしまわないように、対応電圧を作品に書いておくといいと思う。

いろんな電源が使えるケーブル

また、5ボルトで動く作品限定だが、USBオス-DCプラグのケーブルを作るか買うかすれば、モバイルバッテリーをつなぐこともできて便利。

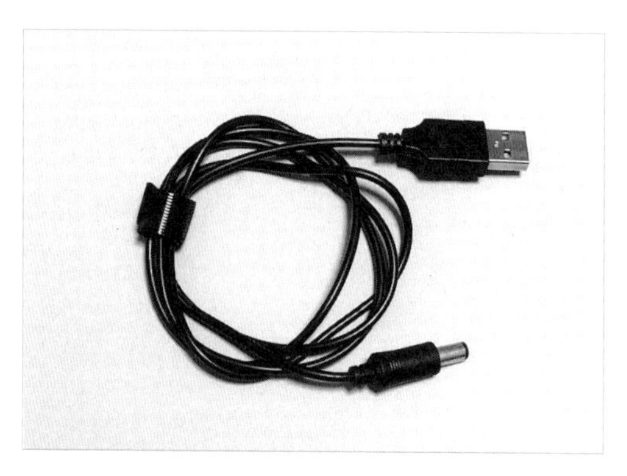

USB-Aオス-DCプラグのケーブル

同じように、乾電池も使える。電池ボックスにDCプラグをつけてしまえばいいのだ（乾電池はACアダプターに比べると非力なので、絶対動くとは限らない。動作確認しよう）。

これで好きな電源が使い放題だ！

HOW TO

とにかく並列につないでいく

初心者向け、雑にすます回路作りのコツ

石川大樹

僕が最初に電子工作を始めたとき、まずはArduinoの入門書を読んでいくつかのサンプルを試し、プログラムの書き方を覚えて、それでちょっとしたものなら作れるつもりになった。

しかし、実際に自分の作品を作ろうと思うと、手が止まってしまった。LEDの使い方とモーターの使い方はわかったけど、一緒に使いたかったらどうしたらいいんだろう？　そしてもう1つ、追加でセンサーもつなぎたかったら？

ここでは回路作りの考え方について、僕がやっているやり方をできるだけわかりやすく説明したい。これは教科書的な「正しい」やり方とは違うかもしれないし、複雑な回路になってくると対応できなくなる。どちらかというと電子工作を始めたばかりで回路がまったくわからないという人向けの、シンプルさに全振りしたノウハウであることを念頭に置いてほしい。

また、電流や電圧という言葉が出てくるけど、これについては148ページで説明しているのであわせて読んでほしい。

電子回路はあみだくじ

まずノートに2本の線を引いてみよう。その1本目の隣に「3V」と書く。3ボルトの電源を表す線だ。続いて、2本目の隣に「GND」と書いておこう。こっちはグランドだ。乾電池でいうプラスとマイナスだと思っていい（本当は違う概念なのだけど、その違いが必要になる頃には本当の意味がわかると思うので、今はそれでいい）。

モーターもLEDもセンサーも、たいていの部品は電源供給が必要だ。そのためには、この電源とGNDのあいだにつなげばいい。

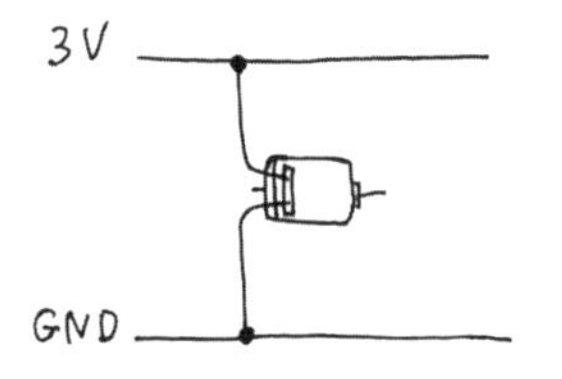

電子回路を作るときは、この2本の線をつないであみだくじを作るつもりで作っていく。まずは、モーターを動かしてみよう。

これがモーターを動かす回路だ。……おっと、電源がなかった。乾電池を描き足してみよう。

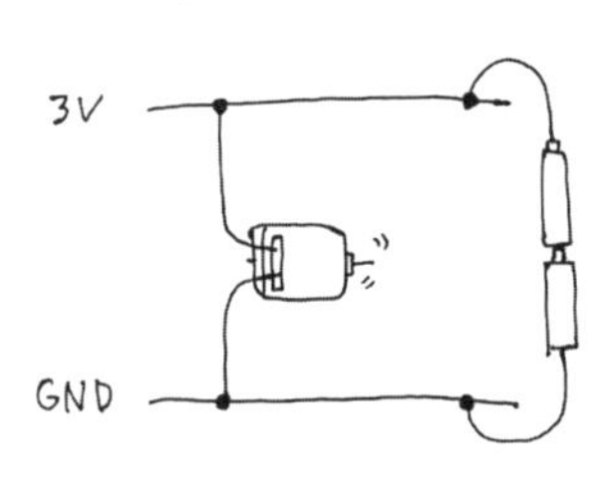

ただの線が本当に電源になった。これでモーターが回転するはずだ。あみだくじみたいに、部品を使って線をつなぐと、その部品が動作する。

今度はLEDをつけてみよう。LEDはちょっと工夫が必要で、抵抗とセットでつけてやる必要がある。

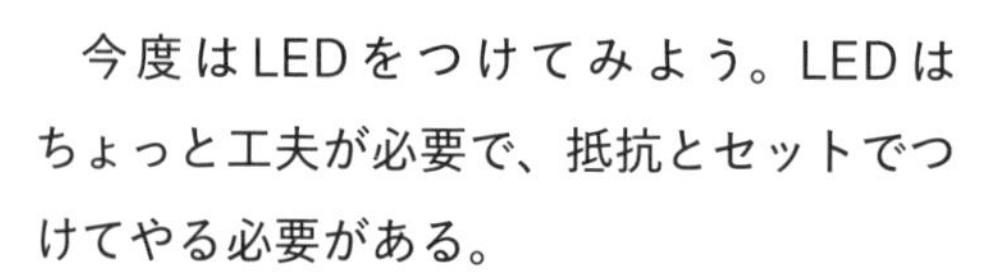

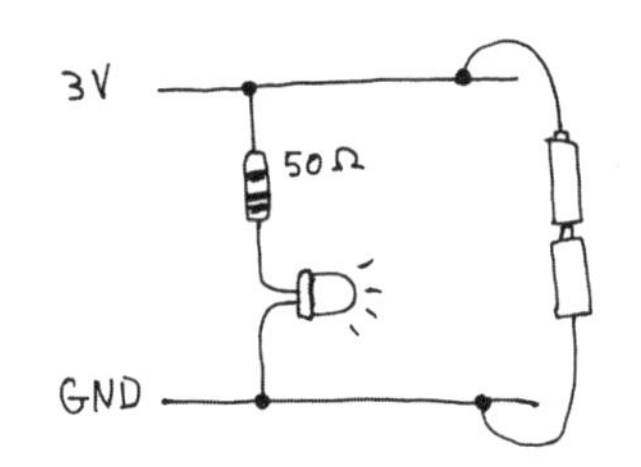

これもあみだくじみたいに、3VとGNDのあいだをつなげば動く。

回路って「回路」って名前だけに、ぐるぐる回る輪っかの形で図示されることも多い。でもそれより、最初はこうやって「線を結ぶ」形で考えた方がわかりやすいように思う。

この形、ちょっと見覚えがないだろうか。そう、ブレッドボードだ。ブレッドボードもたいていこうやって電源のラインとGNDのラインが用意されていて、そのあいだに部品をつないで配線できるようになっている。（なお、この先、図を簡単にするために電池は省略する。この先マイコンが登場するまで電池はいつもつながっていると思ってほしい。）

並列とは?

雑に回路を作っていくとき、とにかく何でも並列につないでいくとよい。ところで、「並列」ってなんだろう？　電源にモーターを2つつなぐ場合で考えてみよう。

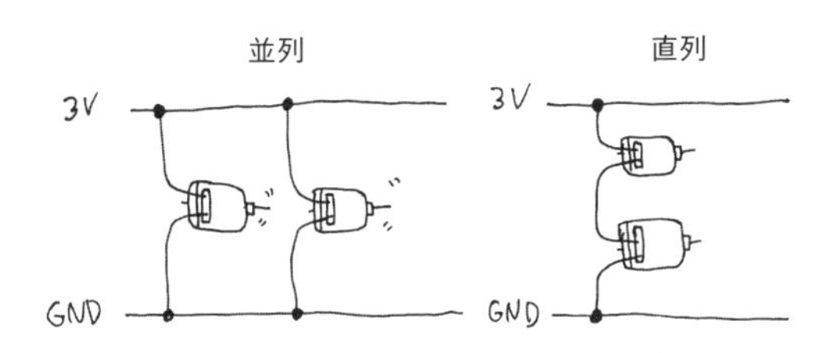

「並列」は左の図みたいに、1つ1つの部品がそれぞれあみだくじの通路を作るつなぎ方だ。「直列」は右の図みたいに、2つの部品が手をつないで1本の通路を作るやり方。

どっちのつなぎ方でも部品に電流が流れるのだけど、実は直列の方のモーターは回らないか、回ってもすごく弱い。直列つなぎをすると、2つのモーターに電圧がわかれてしまい、単純計算でそれぞれ1.5ボルトの電圧になってしまうからだ。

並列つなぎであれば、電圧はわかれず、どっちも3ボルトになる。不思議。

これを「並列のときは電圧が同じで、直列にするとわかれて……」って覚えると忘れそうだ。覚えておくことは1つ、「とにかく並列につなぐ」。いったんこれだけでいい。

ところで、さっきLEDと抵抗を一緒につなげたけど、あれも直列つなぎだ。「電流制限抵抗」というのだけど、むずかしい理屈は抜きで、いったんは「LEDと抵抗はセット」とだけ覚えておけばいい。

じゃあ、そのLEDと抵抗のセットも並列につないでみよう。LEDを3個つけたいときは、こうだ。

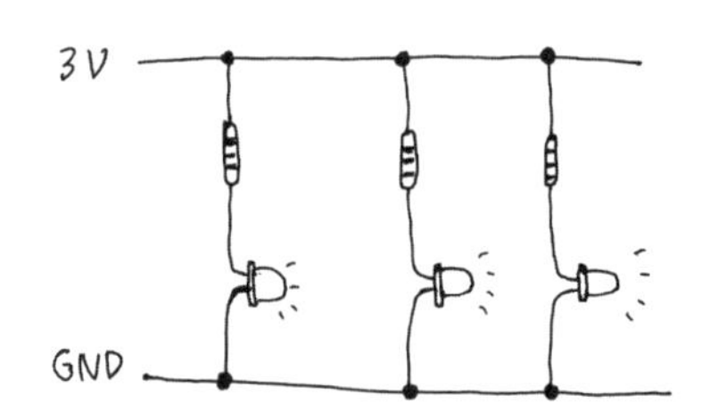

これが並列つなぎ。ここでも、直列にLEDを3個つなぐと電圧が下がってしまって点灯しない。いつも並列でつなごう。

実はコンセントも同じ

ところで、この「配列につないでいく」という考え方、実は家庭用のコンセントも同じだ。

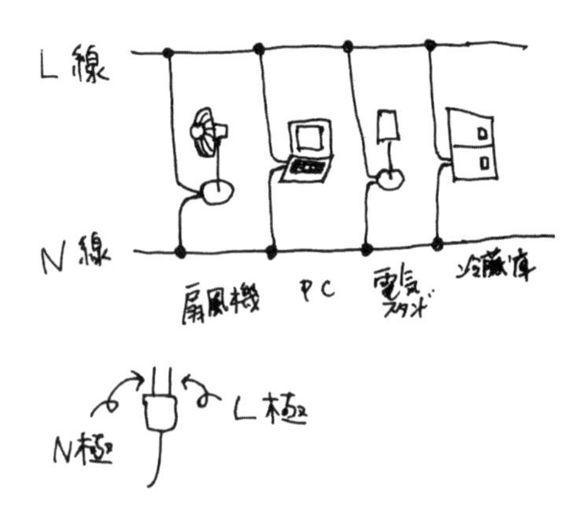

コンセントの場合は交流電源なので、「電源―GND」ではなく「L極―N極」になる。家のコンセントにさした機器は、こんな風に2本のラインをつなぐ形の回路になる。たくさんあるコンセントの口にどんどん家電をつないでいくのは、まさに「とにかく並列につないでいく」だったのだ。

マイコンを使おう

話を電子工作に戻して、今度はマイコンを使うときのことを考えてみよう。

LEDをつける

まず、マイコンに電源を供給してみよう。Arduinoが動くように電源は5ボルトに変える。この5ボルトはUSBケーブルから取るので、もう電池はいらない。

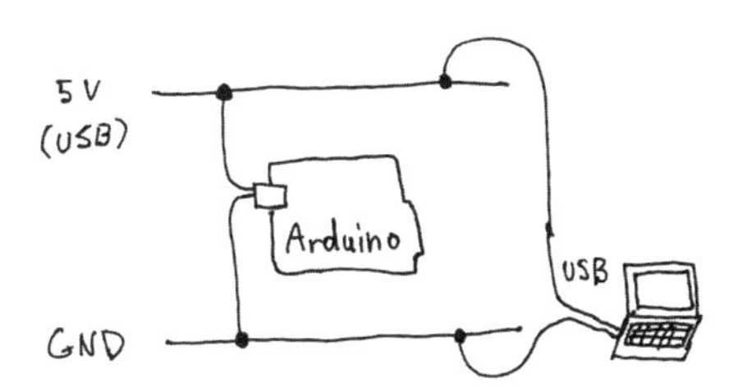

このとき、Arduinoは動作しているけどピンに何もつながっていないので何も起きない。

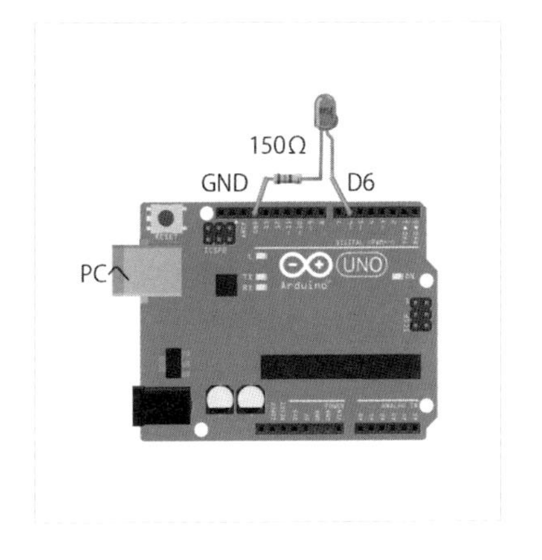

ここから、Arduinoの入門書でよく出てくる、デジタルピンを使ってLEDを点滅させる回路に作りかえてみよう。デジタルピン6にLEDを接続し、「Digital Write(6,HIGH)」にしてLEDを点灯させる。

これを図で表すとこんな感じ。

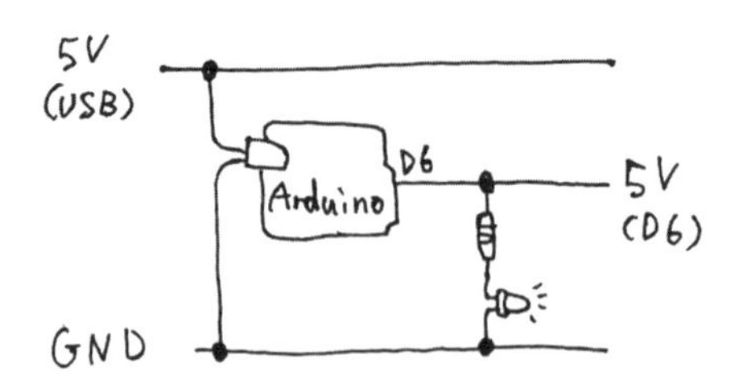

線が3本になった！　デジタルピン6はプログラムから制御できる電源だから、Arduino自体が動いているUSB電源とは別と考えて、新しく「5V」の線を引いている。LEDはここと GND の間につながっている。

こうやって、複数の線が登場することもある。これもあみだくじと同じだ。

ただし、GNDはいつも1本だ。複数の電源があっても、いつも部品は共通のGNDにつながなければいけない（実際に配線するときは、ArduinoのGNDピンにつなぐと、内部でUSBのGNDにもつながることになる）。GNDはたとえるなら下水道みたいなもので、使った後の電気を全部そこに流すイメージでとらえるといい。

Arduinoのピンは弱い電源

さて、Arduinoから電源を取るうえで、1つ気をつけることがある。HIGHにしたデジタルピンは、LEDを点ける程度の電源にはなるが、それでモーターを回すことはできない。

また、Arduinoには電源取りのための「5V」というピンがあるが、これも使い方を誤るとArduinoが壊れることがある。

どちらも、大電流を流すことができないからだ。じゃあ、どうするか。別の電源を用意することになる。

サーボモーターを動かす

たとえば、サーボモーターを使ってみよう。サーボモーター用の別電源として、乾電池を用意する。

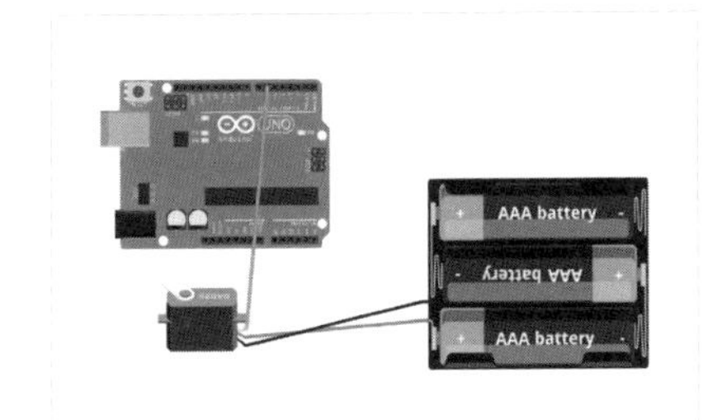

右の図の青い線は信号線なので電源とは関係ないのだけど、わかりやすさのために描いておいた。

こうやって複数の電源を使う場合でも、あみだくじだと思うとわかりやすいと思う。

さっきも書いたけど、GNDはいつも1本じゃないといけない。だから電池ボックスのマイナスの線をArduinoのGNDにもつないでいる（電源のほう、5Vと4.5Vはつなげちゃダメ！）。

実際には小さなサーボモーター1個くらいなら別電源を使わずにArduinoの5Vピンから電源を引いても動くけど、そうすると強い力がかかったときに、（大電流が流れるため）Arduinoが壊れてしまう可能性がある。5Vピンの電源はモーター類には使わないのがおすすめだ。

電源をまとめちゃう

でもやっぱり、電源を2つ用意するのってちょっとだるい。「Arduinoはもう動いてるのに、なんで乾電池も用意しなきゃいけないの？」って思う。

ここで僕がよくやる技を紹介したい。やっぱり電源は1つにまとめる。こうするのだ。

5ボルトのACアダプターを使って、ArduinoにVINピンから給電する。それを分岐して、サーボモーターにも並列に給電する。

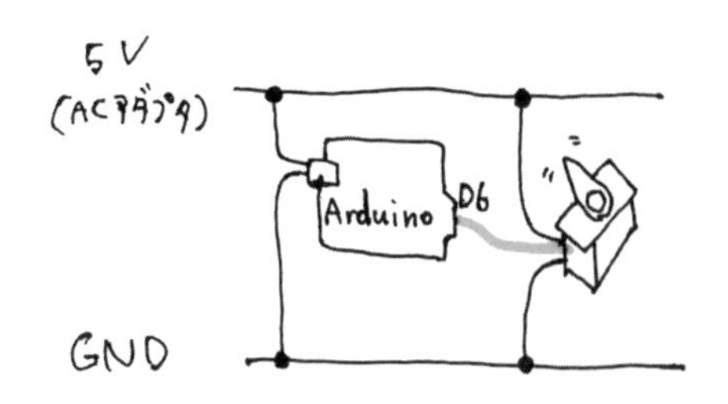

こうすると1つの電源ですむし、どこかに持っていきたいときなんかにわざわざパソコンを持ち歩いてUSB給電しなくてもいいので便利だ。「え、さっき電源わけろって言ったじゃん」と思うかもしれないけど、あれはArduinoの中を通った5Vピンからモーターの電源を取るべからず、という話だ。これは電源がArduinoに入る前に分岐しているからOK。言い換えれば、Arduinoとサーボモーターを「並列につないでいる」からOK、ということだ。

いっこ注意点があって、実はArduinoのVINからの給電は公式には7ボルト以上の電圧が必要だ。経験的には動いているけど、想定外の使用法であることは注意してほしい。あと、VINに5ボルトを入れた状態でUSBケーブルにつながないこと！　ケーブルをつないだ機器が壊れるおそれがある。

ぐるぐる回るDCモーターをArduinoで制御したいときも、モータードライバーモジュールを使えば、これと同じようなつなぎ方ができる（信号線の数は多くなる）。モーター以外にも、「なんとかモジュール」という名前の部品はたいていこういうつなぎ方ができることが多い。赤外線センサーモジュールとかね。

電源を乾電池にしても考え方は同じなのだけど、モーターなど電流喰いの部品をつなぐと動作不良を起こしやすいので注意しよう（マイコンが勝手にリセットされたりする）。

どんどんつなごう

並列つなぎであれば、さらにどんどん部品を増やしていくことができる。

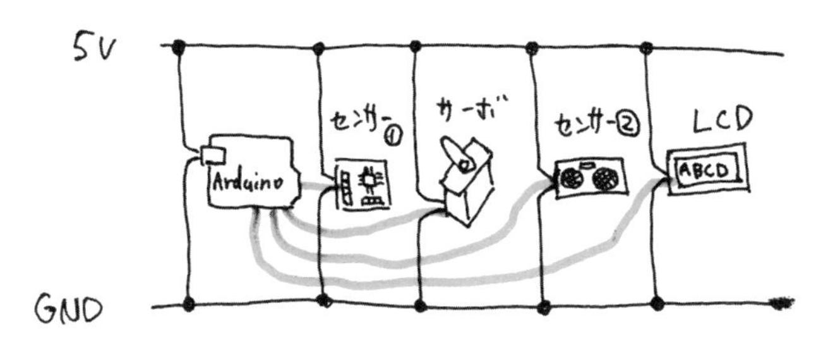

その際、電源の電圧に部品が対応しているかどうかだけは、しっかりチェックしておこう。もし、3.3ボルト用と5ボルト用の部品を両方使いたかったら……あみだくじを3.3ボルト、5ボルト、GNDの3本にするだけだ。GND同士をつないで1本にするのを忘れずに。むずかしかったら全部同じ電圧でいけるように、部品のほうを買い直しちゃうのも手だ！

ただし…そうはいかないときもある

違うつなぎ方をする部品もある。CdSセル（光センサー）やボリュームなんかは抵抗の一種なので、「分圧回路」という考え方をする。スイッチ類も抵抗を使って独特のつなぎ方をしたと思う。どちらも単純なので、使うときに入門書を改めて見てまねしよう。

それ以外にも、回路が複雑になってきたことで、この考え方だけではカバーしきれなくなることもある。そのときは……そろそろちゃんと電気回路を勉強するときが来たのかもしれない。

ただ、そのころには経験的に「こういうときに動かなくなるっぽい」という知見がたまっているし、ゼロの状態から勉強するよりもよくわかると思う。意外にも、勉強を先送りにすると効率的に学習できるのである。これも僕が初心者に雑工作をすすめている理由の1つだ。

HOW TO

電圧と電流について覚えておきたいこと

何度説明されてもわからない人のための「これだけ」

石川大樹

さて、ここまでで何度か「電圧」とか「電流」とかいうワードが登場した。「電圧とは何なのか、電流とは何なのか」「オームの法則は基本っていうけど何に使うの？」と、このへんが電子工作初心者が引っかかりがちなところだ。

よく「電圧は水の流れる水路の高低差で」みたいなたとえ話をされるが、初めのころ僕はこの説明を何度聞いてもよくわからなかった。で、結局、電圧や電流それぞれの概念を理解するのはいったんあきらめた。でもわからないなりに電子工作をやっていると、「あ、ここに電圧が関係してくるんだ」「ここで電流を気にしなきゃいけないんだ」ってわかってくる。

ここでは、僕が経験的に身に着けた「よくわかってない人も最低限覚えてほしい電圧と電流の使いどころ」を案内したい。

電圧について覚えておきたいこと

まずは電圧から始めよう。

電源の電圧と部品の対応電圧をそろえる

電圧は電源ごとに決まっている。モバイルバッテリーからの電源は5ボルトだし、乾電池を2本入れた電池ボックスは約3ボルトの電源になる。

いっぽう、それを使って動作させる部品の方も動作電圧が決まっている。いま手元にあるサーボモーターを見たら「動作電圧4.8〜5V」と書いてある。赤外線センサーのデータシートには「Supply Voltage 3〜15V」と書いてある。これが動作電圧だ。

まず最初に覚えたい電圧の使いどころは、この数字をそろえること。モバイルバッテリーの5ボルト電源なら、このサーボモーターにも赤外線センサーにも使える。乾電池の3ボルト電源はこの赤外線センサーには使えるけど、サーボモーターを動かすことはできないということ。

多少動作電圧からはずれても近い値であればわりと動いたりするけど、基本的にはそろえるものだと思おう。

電源の電圧が低すぎるときは単に部品が動作しないだけのことが多いけど、高すぎると部品が過熱したり、壊れたりする。気をつけよう。

デジタル信号の電圧をそろえる

マイコンにつなぐ部品を選ぶとき、ネットなり本なりで調べた部品を先人の作例の通りに使うぶんには、この項目は関係ない。次の見出しの内容へスキップしてOKだ。でも、そうじゃない部品を使いたいときは、電圧を気にする必要があるかもしれない。

ArduinoのデジタルピンやRaspberry PiのGPIOを出力モードで使うとき、HIGHにしたときの電圧がArduinoは5ボルト、Raspberry Piなら3.3ボルトと、異なるのだ（LOWのときはどっちも0ボルト）。これらのピンで信号を送信するとき、たとえばサーボモーターに角度指定のパルスを送るとき、ピンの電圧と通信先の部品の対応電圧はそろえる必要がある。サーボモーターは5ボルトのパルスを想定している場合が多いので、Raspberry Piから3.3ボルトのパルスを送っても動かないかもしれない。

どうしても5ボルトと3.3ボルトを変換して使いたい場合は、変換基板があるので調べてみよう。

アナログピンで電圧を読み取れる

Arduinoなどのマイコンにはアナログ入力用のピンがある。このピンにかかる電圧を数字として読み取ることができる。

たとえば、入門書によく出てくるCdSセル（光センサー）をアナログピンにつないで読み取る回路。CdSセルは明るさによって抵抗値が変わるので、アナログピンにつないでおくと、それと連動してピンに入力する電圧が下がる（この「抵抗値が変わって電圧が下がる」を式で表したのが「電圧＝電流×抵抗」、つまりオームの法則だ！）。

具体的な使い方については入門書やウェブ上のチュートリアルに説明をゆずるが、このとき読み取っている数字が、電圧であるということだけ覚えておこう。

電圧は直列に部品をつなぐと下がる

乾電池2本を入れた電池ボックスにモーターを2つ並列につなげば、ふつうに回る。でも直列につなぎ直すと、止まってしまう。直列に接続すると電圧が下がってしまうからだ。だから部品をたくさんつなぐときは、常に並列にすると、電圧の変化を気にしなくてもすむ。

ほかにも電圧は下がることがある

電池は消耗してくると電圧が少しずつ下がってくるし、モーターの逆起電力を防ぐためにダイオードをはさんだときも下がる。いろんな理由で想定していた電圧にならないことがあるので、なんかおかしいなと思ったらテスターで測ってみよう。テスターの黒い方をGNDに当てて、赤い棒でいろんなところを触って、想定通りの電圧が出ているか調べるとよい（テスターの使い方は154ページ参照）。

以上、電圧についてはいったんこのくらい覚えておけば、マイコンにモジュールをつないで動かすくらいの工作ならできてしまうだろう。

電流について覚えておきたいこと

電圧に続くもう1つの謎、電流についても最低限のことを知っておこう。

電流は大きな力を出すときにたくさん流れる

電流は電気の流れる量だ。小さなLEDを1つつける程度だったら消費電力が少ないので、電流のことはまったく考えなくても大丈夫。

気にしなければいけないのは、モーターなど動く部品や熱を発する部品、大音量を出す部品、もっと強い光を出す部品など、大きなエネルギーを使うときだ。

モーターを回すとき、ただ空回りさせるときは回路を流れる電流の量は少ない。しかし、重い物を持ち上げようとしているなど、大きなパワーが必要なときはたくさんの電流が流れる。

電流はコントロールしにくい

電流が電圧と違ってやっかいなのは、コントロールが効きにくいところだ。電圧は、電源を5ボルトにするか3.3ボルトにするかは自分で選ぶことができる。いっぽうで電流は、大きなパワーを出すとき勝手に大電流が流れてしまう。なので、作品を作るうえでは「大電流が流れそうなところを予期して、流れてもいいように備える」という対策を取る必要がある。

電流とマイコンボード

必要な対策としてひとつ覚えておきたいのが、マイコンと大電流の問題だ。

前の「とにかく並列につないでいく」で、「Arduinoのピンは弱い電源」と書いた（144ページ）。電流について説明するよい例なので、ちょっとくわしく書いてみよう。

Arduinoのデジタルピンに直接LEDと抵抗をさして点灯させることができるけど、これができるのはLEDに流れる電流がとても小さいためだ。Arduinoのデジタルピンは20ミリアンペアしか流せないと決まっている。

これだとLEDならOKだが、大電流の流れるモーターの電源としては使えない（動かなかったり、Arduinoが壊れたりする）。

Arduinoにはそれとは別に5Vピンという電源用のピンがある。5Vピンであれば無負荷のサーボモーターの電源くらいには使えるけど、実はここにも200ミリアンペアの制限があるので、負荷をかけた状態のサーボモーターをぎゅんぎゅん動かすには不安だ。

これはRaspberry Piでも、他のマイコンでも一緒。とにかく大電流が流れる経路にマイコンやマイコンボードをはさまないようにしたほうがいい。

144〜146ページで紹介したように、モーターだけ別の電源を使うか、マイコンボードと並列にモーターをつないでしまうのがよい。

大電流は熱くなる！

大きな電流を流すと熱くなる。サーボモーターで重いものを持ち上げっぱなしにしていると、すぐアツアツになってしまう。電球は光らせておくだけで熱くなるし、LEDも高輝度のLEDテープなんかを使っていると意外と熱を持つ。

可燃物を近くに配置しないとか、熱い空気がこもらないようにするとか、場合によってはヒートシンクをつけて放熱するなど、工夫したい。

電流がたくさん流れるところは太い電線を使う

銅線選びで太さを意識することはあまりないかもしれないけど、電流をたくさん流すには太い電線が必要なことは覚えておこう。細い銅線に大電流を流すと熱が発生したり、（銅線の抵抗が大きいため）電圧が下がってしまうことがある。電源ラインは太めがおすすめ。

ショートとヒューズ、ポリスイッチ

電池のプラスとマイナスを直結するとショートして、熱くなったり火花が散ったりする。あれはすごく大電流が流れてしまっている状態だ。

大電流が流れたときに遮断するための部品をヒューズという。ACアダプターの中にはヒューズが入っているので、もし作品の回路不良でショートさせてしまったりすると、給電が遮断されるようになっている。

これをあてにしてショートさせてもOKというわけではない！

4アンペアくらいの比較的小さい容量のヒューズも売られているので、作品の制作中など不安なときはつけてみてもいいかもしれない。一度切れたらおしまいの昔ながらのヒューズではなく、ポリスイッチという何度でも使えるものが便利だ。

危ないのは電圧より電流

なんらかの事故で感電したとき、危ないのは高電圧より大電流の方だ。高電圧でも流れる電流が少なければ人体への影響は少ない（電圧だけで言えば、冬場にバチッとくる静電気は数千ボルトある！）。

逆に言えば、低い電圧でも大電流が流れれば危ないということ。そのことを念頭に、安全な制作を心がけてほしい。

とりあえずこれだけ覚えよう

「電圧も電流もちょっととっつきにくいな」という人も、とりあえずここに書いてあることを覚えておくとよい。特に作った回路がうまく動かないときに思い出すと、解決のヒントになるかもしれない。

そして少し慣れると、それぞれの概念がなんとなく感覚的につかめて実感できるようになってくるだろう。そうしたらもう一度、電気に関する本を読み直してみると、最初わからなかった説明が意外にも簡単に理解できるはずだ！

HOW TO

テスターは測るだけじゃない

マルチな用途がある必需品をもっと活用する

石川大樹

中学校の理科で電圧計や電流計について習うので、電子工作で使うテスターも「電圧や電流を測るもの」というイメージを持っている人が多いかもしれない。でもテスターは正式名称を「マルチテスター」というだけあって、実はマルチな用途にいろいろ使える。

電圧とか電流とかよくわからんな、という人にとっても便利なアイテムなので、ぜひ使ってみよう。

テスターの機能

雑な工作でよく使う順に、テスターの機能を紹介していこう。

最初に説明する2つ（導通チェックと抵抗器の抵抗値調べ）は、回路の電源をOFFにして（あるいは電源を抜いて）からやろう。

導通チェック

僕がテスターを使う目的の9割5分は、導通チェックだ。

ブレッドボードでの配線にしろ、はんだ付けにしろ、接続不良で回路が動作しないことはよくある。自分でつないだ箇所だけでなく、そもそも銅線自体が断線していたりもする。そんな接続不良を発見する機能が、導通チェックだ。

テスターを導通チェックのモード（ブザー音を表す、Wi-Fiみたいなマークが描いてある）にして、テストリード（赤黒の棒）の先端同士をくっつけてみよう。「ピー」と音がするはずだ。これは、2つのテストリードの間が電気的につながっている（電気を通す）ことを表す。

実際に回路を調べるときは、接続不良が疑われる場所をはさんで2本のテストリードを当てる。「ピー」と鳴ればつながっているし、鳴らなければつながっていない。

たとえば、次のようなブレッドボード上の回路を調査してみよう。

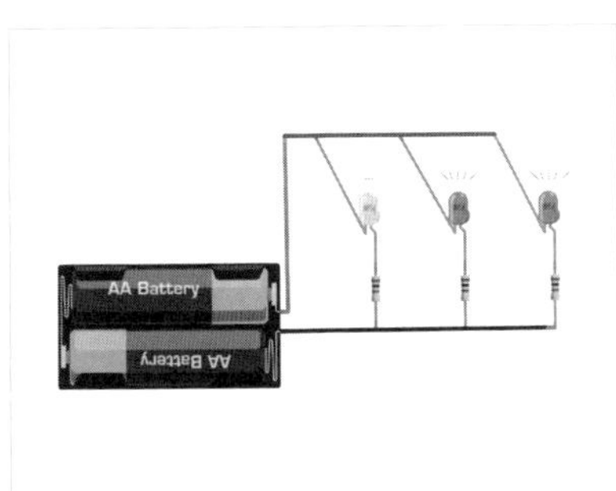

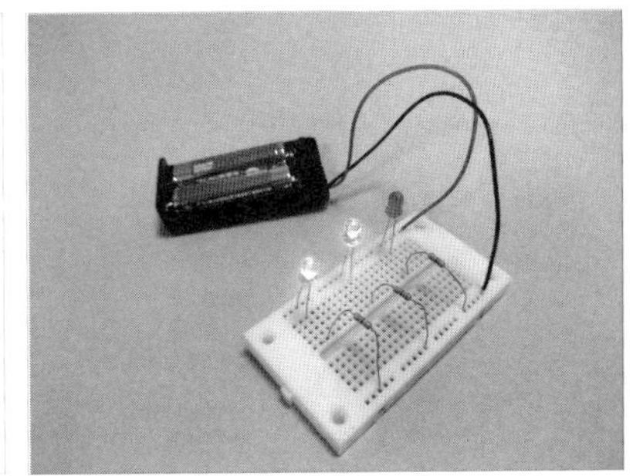

3つのLEDをつけようとしたけど、1つはついていない。配線図どおりに実装できていれば、3つともつくはずの回路だ。接続した箇所を1つずつチェックしてみよう。赤黒のテストリードを、以下のように触れていく。

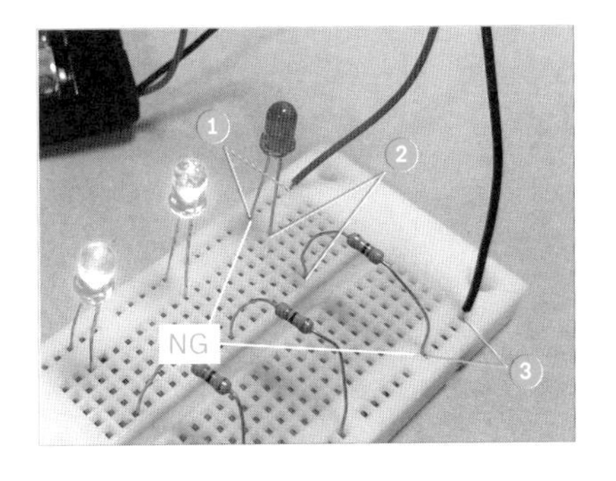

①（赤）電池ボックスの赤い線の先、（黒）点かないLEDのアノード（長い方）の足

②（赤）LEDのもう片方の足、（黒）抵抗のLEDにつながっている側の足

③（赤）抵抗の逆側の足、（黒）電池ボックスの黒い線の先

*テストリードの赤黒は逆でもOK

上の写真の例の場合、②の時だけ音が鳴らなかった。ブレッドボードにさす列が1列ずれていて、LEDと抵抗が接続できていなかったのだ。こうやって、配線ミスを調べることができる。

注意点としては、このときこんな調べ方をしてはいけない。

✕（赤）LEDのアノードの足、（黒）抵抗の電池につながっている側の足

間にLEDや抵抗が入っているので、うまく導通チェックができない。導通チェックは間に部品のないところで調べよう。

ところで、僕が持っている2台のテスターのうち、片方は導通チェックモードがなかった。そのときは「Ω」（オーム）のマークの「200」と書いてあるモードを使おう。これは抵抗値を測るモード。オーバーレンジの表示が出たら、つながっていないということだ。

オーバーレンジの表示は、テスターにより液晶の左端に「1」が表示されるものや、「OL」の表示が出るものがある。説明書で確認しよう。

抵抗器の抵抗値調べ

机の上に部品をバラバラ出して作業していると、「この抵抗って何オームだっけ？」ってわからなくなるときがある。もちろんカラーコードを覚えていればわかるのだけど、覚えるよりテスターで測ったほうが早い。

測り方だが、テスターにはオートレンジのものとそうでないものがある。「Ω」のモードが1つしかないテスターはオートレンジなので、抵抗器の両端にテストリードを当てるだけで抵抗値が表示される。

そうでないものは「200」「2000」「20k」みたいな数字（レンジという）が並んでいるので、測りたい抵抗の抵抗値に近いレンジを選ぼう。「200」であれば、0〜200オームまで測れるということ。オーバーレンジになったらひとつ大きな数字に切り替えると測ることができる。

たとえば2kオームの抵抗を測ると、「200」ではオーバーレンジ、

「2000」では2000前後の表示になり、「20k」ではキロ表示に変わるので「2」が表示される（それ以上を選ぶと測定値が不安定になる）。

似た機能としては、テスターの機種によってコンデンサの電解容量やトランジスタの直流電流増幅率、ダイオードの極性なんかも調べられる。

電源電圧を測る

次は、電圧も測ってみよう。

まずは単3電池の電圧をはかってみる。テスターを「DCV」と書いてある直流電圧モードに合わせる。オートレンジでない場合は、今回は1.5ボルト前後が予想されるので、「DCV20」と書いてあるモードに合わせる。「DCV2000m」でもいい。

その状態で、テストリードを単3電池の両極に当ててみよう。

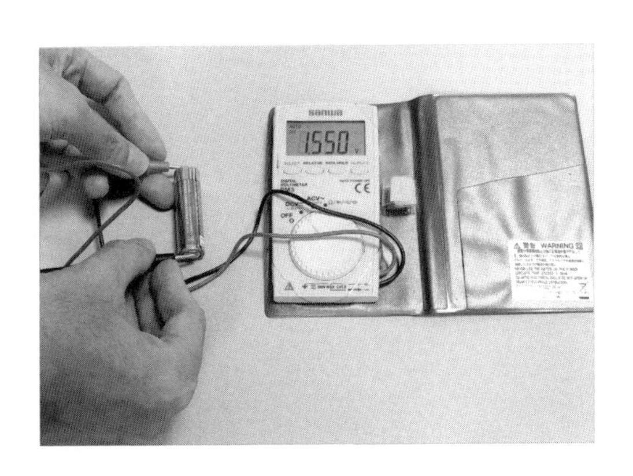

写真のテスターはオートレンジのもので、1.55ボルトと表示された。オートレンジなしでDCV20なら同じ表示が、DCV2000mならmV表示なので「1550」と表示されるだろう。

さて、電源電圧を測れて何の役に立つのかというと、いちばんよく使うのは、乾電池の消耗を調べることだ。乾電池はアルカリでもマンガンでも新品で1.5ボルト前後、エネループなどのニッケル水素電池は満充電で1.2ボルトくらい。それが消耗するとだんだん下がってくる。何ボルトで動かなくなるかは機器次第なのだけど、一般的に0.9ボルト以下は電池切れとされることが多いようだ。

同じように、ACアダプターやモバイルバッテリー、パソコンから引いたUSB電源などの電圧も測ることができる。けど、測らなくてもわかるから、あんまりその機会はないかな。故障していないかどうかの確認には使えるかも。

言い忘れたけど、電圧を測るときは赤のテストリードを＋側に、黒を－側に当てる。これを逆にしてしまうと、大変なことに……はならなくて、単に測定値がマイナスになるだけだ。あんまり気にしなくても大丈夫。

また、オートレンジでない場合、今回はだいたいどのくらいの電圧かわかっていたのでその付近のレンジから始めたけど、もしまったくわからない場合は最大レンジから始めてだんだん下げていく。またレンジを切り替えるときはテストリードを一度はずすようにしよう。

回路内の電圧を測る

電圧測定の別の使い道。

回路が動かないとき、「あれ……電圧下がっちゃってない？」って思ったときに使う。そんなに頻繁にはない。でも覚えておくとたまに便利（ちなみに電圧と、このあと出てくる電流については、148ページ「電圧と電流について覚えておきたいこと」も参照）。

たとえば、こんな回路を考えてみた。

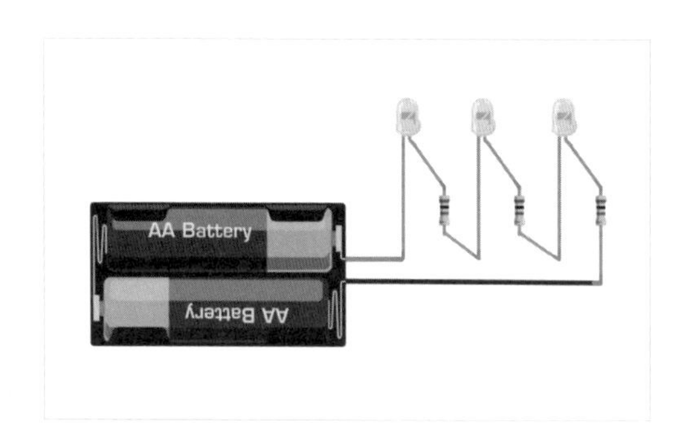

LEDを3つ点灯させる回路だ。これを実際に作ってみると、LEDは1つもつかない。なんでだろう？

テスターで、いちばん左のLEDにかかっている電圧を測ってみよう。

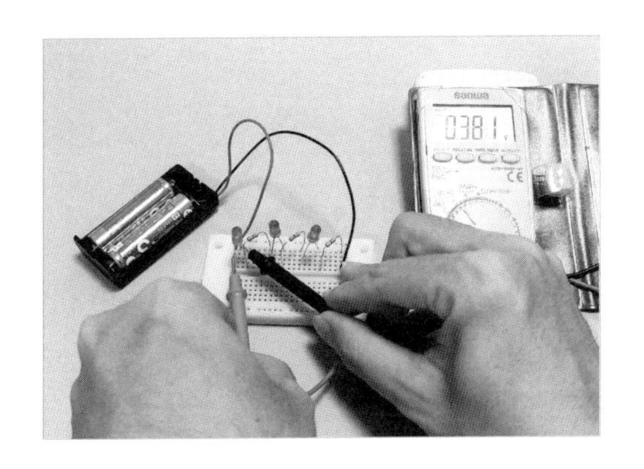

なんと0.381ボルトしかきていなかった！　LEDの点灯には2ボルトほど必要なので、これではつかないわけだ。

それもそのはずで、電圧を変えずに複数の部品に電源供給するには、並列につないでやる必要がある。ここでは直列につないでしまったので、電圧低下が起こっているのだ（139ページ「とにかく並列につないでいく」参照）。

このように、電圧を測定することで、回路設計のミスを探し、動作不良の原因を突き止めることができる。

このときのテストリードの使い方だが、かかっている電圧を調べたい部品の、前後に当てればよい。簡単だ。

せっかくなのでなぜそうするのかを軽く説明すると、調べたい部品の前後にテストリードを当てることで、回路的には部品とテスターが並列に接続された状態になる。すると部品とテスターに同じ電圧がかかるので、正しく電圧が測定できるというわけ。部品だけでなくテスターも「とにかく並列につないで」いたというわけだ。

そうそう、電圧を測るときは回路の電源をONにして（電源をつないで）からやろう。そうしないと常に0ボルトだ。

もっと進んだ使い方

ここまでが僕がやっているテスターの使い方。だけどもうちょっと便利な使い方がありそう……と思って、執筆にあたり知人で電子工作アーティストのよしだともふみさんに聞いてみた。ここから先は、よしださんに教えてもらった使い道だ。

電流を測る

僕はあまり使っていなかった電流測定だけど、もちろん使い道はある。たとえば、モーターに流れる電流を測ってみよう。

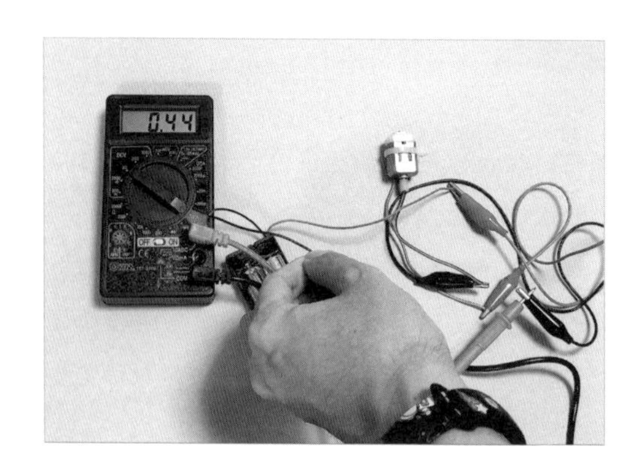

単3電池2本を使って、何も負荷をかけずにモーターを回しているところだ。流れている電流は0.44アンペアだとわかる。ふーん。

では、ここに負荷をかけてみよう。モーターの軸を手でつかんでみる。

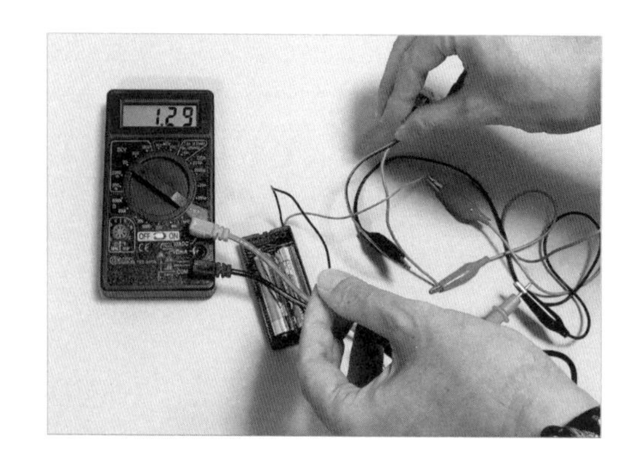

わっ、1.29アンペアまで上がった！　こうやって、電流の変化を見ることができるのだ。

流れる電流がわかって何の意味があるかというと、たとえばモーターに今回と同じくらいの負荷がかかることを想定するとき、電源に「3V1A」のACアダプターを使うと足りなくなってしまうな、ということがわかる。「3V2A」のを買ってこないといけない。

ほかには、こんな用途もある。Arduinoのデジタルピンに流していい電流は20ミリアンペアまでだ。接続する機器にどのくらいの電流が流れるかをあらかじめシンプルな回路で測定しておけば、デジタルピンにつないでよいかどうかの判断をすることができる。

一般的に、大きすぎる電流が流れると、部品を壊したり熱を発する原因になる。テスターを使うことで「やってみて壊れるかどうか」という原始時代の回路設計ではなく、あらかじめ測定して壊れないような設計が可能になる。

使い道がわかったところで、電流の測定方法を説明しよう。テスターのモードを「A」にして、オートレンジでない場合はレンジを適切なものに合わせる。わからないときは最大のレンジから始めよう。またテスターによっては、テストリードを電流測定用の端子につなぎ変える必要がある。けっこうこのタイプは多いので必ず確認しよう。

電流測定のときは電圧測定のときと違って、回路に直列につなぐ必要がある。回路の一部を切って、テスターを割り込ませるのだ。回路が、

電池（＋）→モーター→電池（－）

だったら、電池（＋）とモーターの間の接続を切って（ここ重要！）、

電池（＋）→テスター→モーター→電池（－）

につなぎ直す。テストリードの色は、電池（＋）に赤、モーターに黒をつなごう。これで電流が測定できる。

テストリードのつなぎ替えをした場合は、測定が終わったら必ず元の端子に戻すこと。電流測定用の端子のまま忘れて電圧を測定しようとすると、ショートして回路やテスターが壊れる恐れがある。

電圧を識別する

ちょっと慣れてくると、1つの回路に複数の電圧を混ぜて使うことがある。ステッピングモーターを回すための12ボルト、信号用の5ボルト、3.3ボルトとか。回路を組みながらこんがらがってきたとき、あるいは混ざっちゃって動作不良になっていないか確かめるために、電圧を測定することがある。

表面実装部品の識別

たとえば「チップ抵抗」と呼ばれるゴマより小さい抵抗器がある。これはカラーコードがそもそもついていないので、一度袋から出してしまうとテスターを使わないと抵抗値がわからない！

と、このあたりが、ちょっと進んだテスターの使い方。

あとは交流電源やアナログ回路を扱い始めるともっと用途があるのだけど、そうなったら専門書等で確認してほしい。雑な工作のレベルでは、ここまででテスターの使い方をマスターしたと言っても過言ではない！

テスターの選び方

最後に、まだ持っていない人のためにテスターの選び方を簡単に書いておこう。まず針のついたメーター表示のアナログテスターと、液晶表示のデジタルテスターがある。これはデジタルを選んでおけばいいだろう。

次にオートレンジかどうか。個人的にはオートレンジの方が何も考えずに雑に使えるのでおすすめ。ただ目安としてオートレンジは3,000円～、そうでないものは1,000円～と価格差があるので、財布と相談だ。

また、小さい電卓みたいなサイズのものはコンパクトでいい感じだけど、電流測定機能がついていないものが多い。できればついていたほうがいいのは言うまでもない。

僕はコンパクトでオートレンジのSanwa（三和電気計器）「PM3」をメインに使っていて、これは電流測定がついていない。電流測定時だけOHM（オーム電気）「TST-D10B」を使っている。こっちはブザー付きの導通チェック機能がないのと、レンジ合わせがちょっと面倒。

電子部品屋さんやショッピングサイトを探すと、すべてを満たすテスターも3,000〜4,000円で買えるようだ。探してみよう。とにかく安くすませたい場合は、オートレンジではないけど「DT-830B」がワンコインで激安だ（製造元がはっきりしないやつだけどね）。

HOW TO

マジでよくある「動かない！」

最初から動くのは奇跡なんだ。気楽にトラブルシューティング

ギャル電

がんばってプログラムもハードウェアも組み立てた作品のスイッチを入れて、動かなかったら超落ち込むよね。でも全然大丈夫！　初回は動かないことってマジでよくある‼

むしろ、初心者の自分が作ったものが最初から考えた通りに動いたら神！　くらいのマインドでいたら無駄に落ち込んで時間をロスすることもないし、気を取り直して確認してみたらめっちゃ単純なミスで動かないだけだったりするよ。

あったかい飲み物でも飲んで、ちょい落ち着いてから1個ずつ確認してこ⤴

配線を見直す

いっこずつ問題を切りわけて確認をしていくよ。まずは配線から。

配線が正しい場所につながってるか確認する

まずは、配線をつなげた部分が間違っていないかを1個1個、ていねいに確認してみよう。

特に、プラスとマイナスを間違えていないかを真っ先にチェックして

みて！

急がば回れってことで、ブレッドボードとかに配線を組んでいる場合は落ち着いてもう1回配線し直すのもいい。「大変だったのにもう1回やるの？」って気持ちになるかもしれないけど、やってるうちに慣れてきて配線するのが早くなるから一石二鳥じゃん。

配線し直してるうちに、すべてがわからなくなってきた場合は、紙とかに1回配線図を描いてみて頭の中を整理するのもおすすめだよ。

部品と配線がしっかりとくっついてるか確認する

配線のつなぎ先はあってるのに動かないって場合も、よくある。

はんだ付けで配線している場合は、つながったらいけない場所がはんだ盛りすぎでくっついていないか、逆にはんだが少なすぎてちゃんとはんだ付けできていなくて接続できていなかったりしないかを確認する。細かい部分を見すぎて自分が信じられなくなったときには、スマホのマクロモードとかであやしいなって思った部分をズームで撮影して写真で確認するとわかりやすいよ。

はんだ付けじゃない場合は、コネクタが正しく奥まで差し込まれているか、ブレッドボードの場合はジャンパワイヤーをさしたブレッドボードの穴がゆるくなっていないかを確認してね。

安いブレッドボードや使い込んだブレッドボードは、中身の部品が接触不良を起こしてる場合があるからブレッドボードを交換してみるのも試す価値あるよ。

配線がしっかりつながってるかは、テスターの導通チェック機能を使うと簡単。154ページも見てね。〔I〕

電源をチェックしよう

次は、電源まわりを見てみよ。

電源がつながっているかを確認する

電子工作は電気がないと動かない。「超当たり前じゃん！」って思うかもしれないけど、動かなくてあわててるときこそ、自分のことは一切信じないくらいの気持ちで当たり前のことも1回確認しとくのは重要だから‼　電池ボックスにスイッチついてるタイプのときは、スイッチがちゃんとオンになっているかもチェックしてね。

電池を新品に取りかえる

電池を使ってる場合には、電池の残量が少ないと電圧が低下して動きがおかしくなる場合がある。動作テストするときは、新しい電池を用意しとくと安心だよ。

いろいろなものを同時に動かすときには、電源をわけて動かしてみる

1個の電源で複数の部品を動かそうとすると、電圧が足りなくて動かない場合がある。

超めんどくさいなーって思うけど、部品を1回取りはずして1個だけ取りつけた状態で動くかを部品ごとにチェックしてみよう。単品だとそれぞれ動くけど合体させると動かないって場合は、電源を部品ごとにわける方法を検索とかして考えよう。

プログラムを見直してみよう

プログラムもそもそもコピペしたコードをつなぎ合わせて作ってたりするから、確認はめちゃくちゃめんどくさくて心折れちゃうよね。簡単そうなところから確認しよう。

部品のピン番号が配線と合ってるか確認する

雑電子工作でよくあるのが、とりまコピペしたコードに書いてあるピンの番号と、実際に配線したマイコンボードやセンサーのピンの番号が全然合ってないってケース。ギャル電も最初はよくこのミスをした。ほかにも簡単なところだと、取りつけている部品の数（たとえば、シリア

ルLEDテープが途中で光らない場合にLEDの数の設定とか）を間違えていないかも確認してみて。

スケッチが正しいかを確認する

複数の部品を動かすプログラムの場合は、プログラムをコメントアウトで一時的に消して、部品ごとに動くかどうかを確認してね。センサーとかの単品だと動いてるのかいまいちよくわからない部品の場合は、Arduino IDEのシリアルモニタを使って動作を確認する方法があるよ。

センサーの値でプログラムの分岐をしているような場合には、分岐の基準になる値がどういう風に変化してるのかをいちいち、「Serial.print(モニタ用に設定した変数名);」で表示して確認するって手もある。

どうにもならない場合は、ChatGPTにプログラムをコピペして間違ってるところ聞いてみる方法もけっこう使えるよ。

マイコンボードのシリアル通信用のピン（「TX/RX」と書いてある）を別の用途に使っていると、シリアルモニタがうまく動作しないので注意！　たとえばArduino Unoだったら、デジタルピンの0と1は空けておこう。〔1〕

部品を取りかえてみる

新品のボードや部品だって、交換が必要なときもある。

同じ部品をいくつか用意しておく

初めて使う部品は、できれば同じものを複数個買っておこう。

わたしはよく安いArduino互換マイコンボードを使っているんだけど、値段がめっちゃ安い出所があやしいボードは、初期不良でそもそも動かない場合もある。スルーホールになってるのに、裏側に配線するとなぜか全然信号が来てない謎互換ボードとかに当たったこともあった。

初心者のうちは、互換品じゃないマイコンボードも用意しておいて動かなかったら交換してみよう。

故障したなって失敗のときは部品を交換する

電源を入れたときに煙があがったり、破裂音がしたら必ず部品を変えること。

電源を抜いた後も、部品が熱を持っている場合があるから、冷めるまでしばらく待ってからどの部品が壊れたのかをよく観察して確認してみよう。

インターネットのフォーラムやSNSで質問や相談をしてみる

いろいろ試して、「もう自分のちからでは解決できない！」ってときは相談してみるのもアリ。

だけど、質問の仕方に注意しないといいアドバイスはもらえない。

技術的なことを質問するときに、わたしは電子工作じゃないけどAWSの「技術的なお問い合わせについてのガイドライン」（https://aws.amazon.com/jp/premiumsupport/tech-support-guidelines/）を参考にしてる。

- 何をやりたいのか
- 使っている部品は何か（型番もなるべくくわしく詳細に）
- どういうコードを書いたのか（どのプログラム言語で書いているのか）
- 何をしたときに、どのように動かないのか
- 何を試したか

電子工作にくわしい人も、超能力者じゃないから情報が少なくてあいまいな質問には答えられない。できるだけ具体的に情報を整理してから質問するといいアドバイスをもらえる可能性があがるよ。解決したときは、ちゃんとお礼を伝えよう。

余裕があれば、何が原因で動かなかったかっていう情報をシェアしてくれると電子工作仲間として超助かる!!

HOW TO

雑に配線する方法

「線をつなぐ」にもいろいろあるんだよ

石川大樹

電子回路を組むのは、ものすごく端的に言えば「銅線をつなぐ」作業だ。なんだけど、「つなぐ」と一言で言っても実はいろんなやり方があって、ケースバイケースで向き不向きがある。堅実な配線もあれば、すっごい雑な配線もある。ここではいろんな線のつなぎ方を見ていこう。

いろんな線のつなぎ方を、雑な順に紹介しよう。

クリップで配線

基板やブレッドボードを使わずに、部品同士をクリップ付きケーブルで直接つないでいく方法。はずれやすいので本番の作品に使うことはあまりないけど、回路のテストや試作段階でよくやる。

配線用のクリップは、「ミノムシクリップ」や「ワニ口クリップ」がポピュラーだ。ほかには、ICの足など細かい部品に接続できる「ICクリップ」という細いものもある。こっちは大きいものがはさめないので、一長一短だ。できれば両方あるといい。いずれもクリップ単体でも売られているけど、ケーブル付きのものを買うと楽。

弱点としては、クリップは2つ以上のものを一緒にはさむ想定になっていないため、分岐が作りにくい。分岐させたいときは抵抗の足（はんだ付けしたあと切り取ったもの）や、すずメッキ線などをかませるとよい。

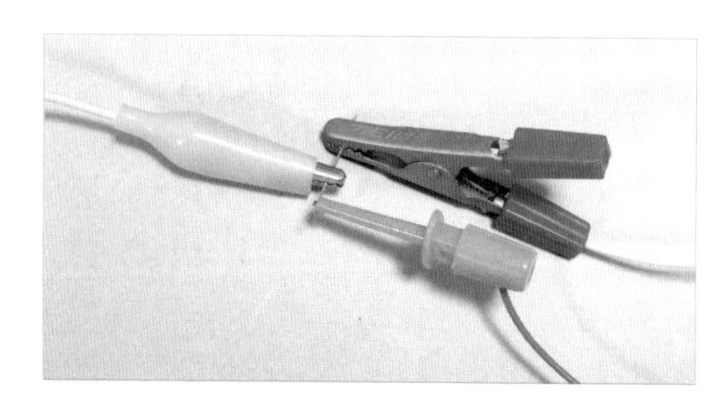

すずメッキ線をはさんで分岐を作った例。クリップの種類は奥からワニ口クリップ、ミノムシクリップ（これをワニ口と呼ぶこともある）、ICクリップ

ちなみに、こうやって基板やブレッドボードを使わずに配線することを空中配線という。あまり推奨されるやり方ではないのだが、その割には名前がかっこよすぎると思う。

ブレッドボード&ジャンパワイヤー

「ブレッドボード」と「ジャンパワイヤー」は、電子工作入門におなじみの組み合わせ。入門者だけでなく、試作用としては末永くお世話になる。

ジャンパワイヤーでいちばんよく使うのはオス-オスの線だけど、部品によってはコネクタがヘッダピン（穴じゃなく金属のピン。Raspberry PiのGPIOとか）のこともあるので、オス-メスも持っておくと便利。

ジャンパワイヤーには固い線と柔らかい線の2種類がある。固い線は短いので用途がせまいけど、はずれにくいし配線もすっきりまとまる。

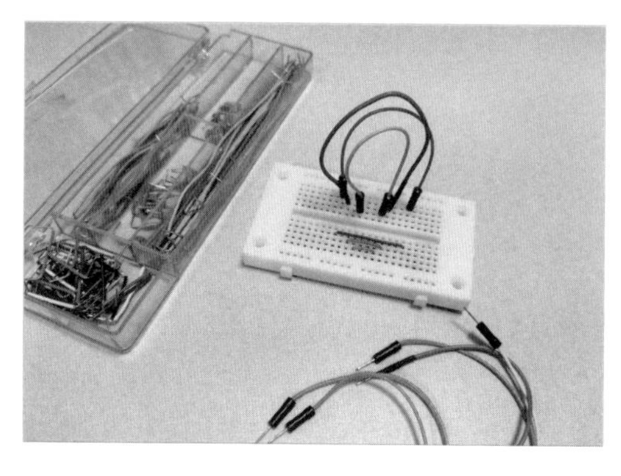

柔らかい線（上）と固い線（下）

ブレッドボードのほうも探してみるとけっこういろんなサイズがあるので、小さめのものも持っておくとたまに便利。

ジャンパブロックを使う

これは僕が雑に配線するときに使っている手抜き技なので、一般的な手法ではない。説明しやすさのために3番目に回したが、ブレッドボードより雑なやり方だ。

たとえばArduino（デジタルピン）-抵抗-LED-Arduino（GNDピン）ってつなぐとき、抵抗とLEDをつなぐためだけにわざわざブレッドボードを使うとデカすぎる。そういうときに「ジャンパブロック」という部品を使っている。

ジャンパブロックは、本来は基板から出ているピンをブリッジする（隣同士のピンをつなぐ）のに使うものだけど、2つしか穴のないブレッドボードとしても使用できる。穴が2つなので分岐はできないけど。

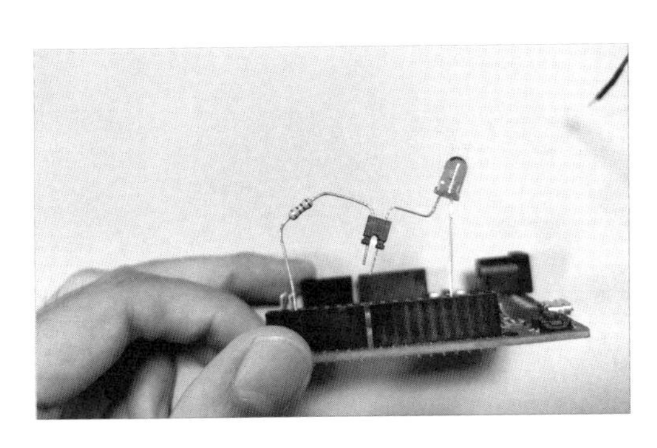

ジャンパブロックの使用例その1

これはすっごい手抜き技なので、やるときは人に見られないようにしなければいけない。

また、メスのジャンパワイヤーが手元にないとき、ジャンパブロックがあればオスのジャンパワイヤーをメスに変換してピンにさすこともできる。

ジャンパブロックの使用例その2

ここまでは、試作や動作検証などで一時的に使う場合の配線を紹介した。作品として保存したり持ち運びするなら、できれば基板を使いたい。ただし、ブレッドボードのままガチガチに強化する手段もあるにはあるので、276ページを参考にしてほしい。

ユニバーサル基板を使う

ユニバーサル基板は、はんだ付けが必要なのでハードルは上がるけどブレッドボード配線に比べると丈夫さが段違い。ここまでできるようになっておくと便利！

ユニバーサル基板というのは縦横に等間隔に穴が並んだ基板で、その穴に部品をさしてはんだ付けする。そのままだと部品が基板についただけで配線されていないので、金属の線を使って配線する。

よく使われる線は3種類で、いちばんよく使うのは「すずメッキ線」。カットした抵抗の足などでも代用できる。

配線が交わるときは、穴を通してすずメッキ線を基板の表に出してやると立体交差ができる。ただ1層までしか交差できないので、もっと交差させたいときに使うのが「被覆線」。耐熱のを買おう。耐熱ビニル絶縁電線の0.2〜0.3sqあたりがいい太さ。

ICの配線などで立体交差をモリモリ使いたい場合は被覆線だと太すぎるので、「UEW線」という細い被膜線を使うこともある。

被覆線にしろUEW線にしろ、基板にはんだ付けする前に予備はんだ(銅線のはんだ付けしたい部分にあらかじめはんだをつけておく）しておくのがコツ。すずメッキ線は予備はんだしなくてもつく。

ユニバーサル基板のくわしいやり方や無数にある小技はここには書ききれないので、やってみたい人は専門書やネットで調べてみよう。

ユニバーサル基板の裏側。細くてまっすぐなのがすずメッキ線、太いのが被覆線、細くて曲がっているのがUEW線。電源ラインは太い線の方がいいのでUEW線でなく被覆線を使っている。

PCB（プリント基板）を作る

ユニバーサル基板は丈夫だけど実装が大変なので、同じ作品を10個作りたいようなときには絶対に使いたくない。そういうときは、プリント基板を発注してしまおう。

プリント基板というのは、配線があらかじめプリントされた基板のこと。電子部品だけをはんだ付けすれば回路が完成する。配線のプリントパターンは回路ごとに異なるので、基本的に特注品になる。

たとえば「Fusion PCB」（www.fusionpcb.jp）というサービスだと、小さな基板であれば10枚700円ほどで作ってくれる。小ロットでも意外に安い。

注文にはプリント基板のデザイン専用のソフトを覚えないといけなかったりとすこしハードルが高いけど、ギャル電なんかは気軽にプリント基板を作りまくっている。同じ作品を複数量産したい人にはおすすめだ。

基板を作るのはめちゃムズいって思うかもしれないけど、シルクスクリーン印刷でTシャツ作ったことあればわりと基板のレイヤーの仕組みは理解しやすい。ギャル電は「Svg2Shenzhen」って神フリーツールでステッカーみたいなギャル基板作ってるよ。おすすめ！ 設計ツールの「Kicad」の使い方とか簡単な回路図とかは気合でぐぐってバイブスでやってる。PCBの発注は、基板の色が豊富な「PCBBUY」ってサイトを使ってるよ。〔G〕

・Svg2Shenzhen　github.com/badgeek/svg2shenzhen
・Kicad　kicad.org
・PCBBUY　pcbbuy.com

コネクタを使う

ここまで手軽なものから高度なものへと順に説明してきたけど、最後に全員に覚えてほしいことを紹介する。長い銅線（ケーブル）を接続するときはコネクタを使うということだ。

コネクタは銅線をつけはずししやすくするためのものだが、直付けよりは壊れにくくなるというよい副作用もある。長い銅線は意図せず引っぱってしまいがちで、そのとき直にはんだ付けしていると基板のランド（はんだがのる金属部分）ごともげて、再起不能になる。コネクタさえ使っていればコネクタがはずれて助かる可能性がある。

またブレッドボードの場合でも、長い線をさしただけだとちょっとなにかに引っかけただけですぐ抜けてしまうので、試作ならいいけど本番の作品に使う場合はコネクタを使ったほうがいい。このときコネクタごと抜けたら意味がないので、ホットボンドなどでブレッドボードにしっかり固定しよう。

長い銅線を使うシチュエーションとしては、たとえば装置本体は自室において、スイッチだけ隣室に伸ばしたいというようなときがあるだろう。そういうときは、絶対にコネクタを使ったほうがいい。あと、本体と別にコントローラーがあるときとか。

個人的によく使うのは、ピンヘッダとセットで使えて抜き差し簡単な「QIコネクタ」と、ストッパー付きで抜けにくい「JST XHコネクタ」。

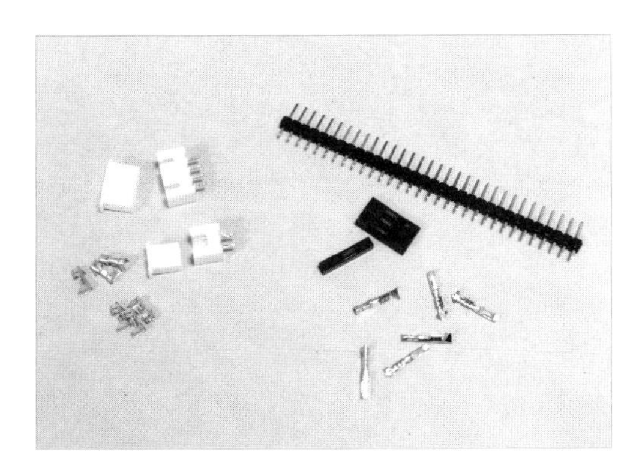

QIコネクタ(右)と
JST XHコネクタ(左)

コネクタに銅線を接続するには圧着ペンチという工具が必要なので、ひとつ持っておくとよい。僕はエンジニアの精密圧着ペンチ「PA-09」を愛用している。同じ用途で「PA-20」を使っている人も多いようだ。

コネクタのオス側は買ってそのまま使えるけど、メス側は樹脂部品（ハウジング）と金具に分かれている。銅線をむいて、金具を圧着ペンチで圧着（銅線を金具で挟み込むこと）して、ハウジングの中にカチッとはめ込む。ここまでで組み立て完了。

ちょっと面倒だけど、一度やっておくとあとあと楽になる作業だ。

「分解」は 電子工作の基本

ちゃんと動く製品を分解すると学びがたくさん

ギャル電

世の中にはめっちゃすごい人が過去にも現在にもたくさんいて、優れたアイデアをちゃんと実現して世の中の役に立つ便利なものを作ってる。すごいね！　今から自分にできることなんてもう何もないし、何をやっても「車輪の再発明」じゃん。電子工作なんかやめちゃってもう寝よって思うことがよくある。でも安心して！　うちらまだ車輪の再発明のスタートラインにも立っていない。まだうちらの冒険は始まったばっかじゃん！　次回作に「乞うご期待!!!!」ってこと！

車輪を発明するって?

ってか、うちら車輪のこと全然知らなくね？　何かを作ろうとして、それが「車輪の再発明」かどうか悩むとき、実は再発明しようとしている対象のことを全然知らない状態だったりする。

使ったことはあってよく知っているものも、自分で一から作ることはむずかしい。とりあえず、自分のできる範囲で車輪のこと調べる必要がめっちゃある。まあ、ここで言っている「車輪」ってやつは別に本当の車輪じゃなくて、便利に使える機構や仕組みってことなんだけど。

完成品を分解してみる

電子工作を始めたばっかりの頃は、何かを完成させても動かなくてがっかりすることが多くてめっちゃテンション下がる。一から材料をそろえて自分で作るよりも、電源を入れれば動く状態のものを分解して調べたほうが手っ取り早い。ちゃんと日常生活のなかで動いている電気製品を壊して中身を観察しまくると、「車輪」のことをよく知ることができる。

自分で作った電子工作はなんで動かないのか心当たりがありすぎてわかりづらいけど、動いているものを動かなくするときは、原因がずっと見つけやすいし直しやすい。お店で売っている製品ってすごいよね！

気軽に分解してみよう

ちゃんと動いているものを分解するのって、なんか抵抗あるって人も多いかもしれない。分解や改造をすると、修理保証期間内でも修理を受け付けてくれなくなったり二度と元の状態に戻せなくなることもある。分解は自己責任！　だから、自分や誰かが使っていて、ないと困る電気製品をいきなり分解するのはやめとこ。コンセントから電源を取るタイプの製品や、大きい電流が流れるタイプの製品は、何か失敗があったときに大きい感電や事故につながりやすいから初心者向けじゃない。5ボルトくらいまでの乾電池で動くものが初心者にはおすすめだよ。

あと、最初からめっちゃ複雑な最新のハイテクノロジー製品を分解しても、中身が複雑すぎたり小型軽量化で薄くてどこから分解するのかむずかしかったりして心が折れやすいから、最初は安くて単純そうな仕組みのものから分解してみよう！

100均で分解しやすさ目線で買い物

100均には、日常生活で便利に使える小さな電気製品がたくさん売っている。安いものなら分解しても罪悪感が少ないし、機能や部品の内容もシンプルでわかりやすいものが多い。

ふつうに役に立ちそうかどうかじゃなくて、ケースがネジで止まっていて開けやすそうとか、なんとなく中身は想像できるけどこの値段と大きさでその機能どうやって実現してるのかなみたいに、分解をする前提で商品を選んでみよう。

電気製品が集まっているコーナー以外にも、おもちゃコーナー、キッチン用品、ペットコーナー、季節用品などなどありとありとあらゆるコーナーに電気で動く製品は置いてある。

ギャル電のおすすめコーナーは、おもちゃコーナー！　モーターやLED、スピーカーや音声ICが入っている製品がゲットできるよ。

100均の分解おすすめ品の例

分解のテクニック

まずは、分解するときのポイントを紹介するね。

- 必ず最初に電池やコンセントを抜いて、電気が流れないようにしてからやろう
- 分解のステップごとに配線やパーツの状態がわかる写真を撮って記録しよう
- ネジやバネみたいな細かいパーツはマステに貼ってなくさないようにしよう
- マイナスドライバーやヘラとか、こじ開け系のツールを用意しよう
- 分解しておもしろかったり、1回の分解ではよくわからなかった製品はもう1個同じものを分解リピ買いしてみよう

夢中になって分解すると、あとで「これどこについてたパーツだったっけ？」ってわからなくなりがち。特に100均の製品は、コストパフォーマンスをギリギリまで高めた結果、配線やパーツ配置がめっちゃトリッキーになっているものが多いよ。1個のパーツをはずした瞬間にどんな風に部品が収まっていたのかがまったくわからなくなることがよくある。面倒だけど、こまめに写真を撮っておくといいよ。

細かいパーツはなくしちゃうと見つからないから、分解する前に小さいケースか、マステを用意しておいてはずした瞬間にまとめてなくさないようにするのが、超大事なポイント！

ネジを使っていなくてどこから開けていいかわからない製品は、とりあえず継ぎ目の線になにか細いもの（マイナスドライバーの先やヘラみたいな細くて硬いもの）を突っ込んで、テコの原理でこじ開けてけばオッケー。分解が目的だからどうしてもケースが開けられなかったら、ケースを壊しちゃうこともギャル電はよくある。

1回分解しても、何もわからないことも全然ある。製品のいいところは買えば同じものを何回も分解できること。同じ機能の製品でも、中身が違うこともある。同じものを何回も分解するうちに、きれいに分解ができるようになったり、1回の分解だけではわからなかった意味不明なパーツ配置の意味がわかるようになったりして楽しいよ！

慣れてきたら機能だけ動かそう

製品になっているものは、電池ボックスと外装のケースが一体化しているものが多い。だから、中身を取り出したあとに、電池をどうやって取りつけるかがむずかしい。

電子工作用によく売っているタイプの電池ボックスと製品に使われている電池のタイプがぜんぜん合わなくて、単純に電池ボックスだけを取りかえることができない場合も多い。

そんなときは、もともとついている製品の電池の電圧を要チェキ！

電池のサイズや種類が違うものだったとしても、電圧が同じだったら取りかえてもだいたい動くよ。電池ボックスは100均の他の製品から電池ボックスが独立しているタイプの製品を探してゲットするのも楽しいし、ボックスが見つからない場合は、ビニールテープとかで電池をぴったり巻いて電池ボックスを雑にDIYするって手もある。

電池ボックスに入っていたときのように電池のプラスとマイナスがしっかり密着するように並べた電池をビニールテープで固定して、プラスの極とマイナスの極にもともと電池ボックスのプラスとマイナスに接続されていた線を電気が通る形で貼りつけたら、秒でDIY電池ボックスは完成する。

電池の交換のしやすさや、動作の安定性はちゃんとしたボックスよりも機能が落ちるけど、なんか作るときには一気に作りきる勢いも大事！　とりま動かしてみたい!!　って衝動を大事にしたい場合は、いちばん手っ取り早くておすすめだよ。

この電池ボックスつけ直しテクを身につけると、雑な工作を作るときに「分解して動くパーツをゲットする」って時短テクが身につくよ。

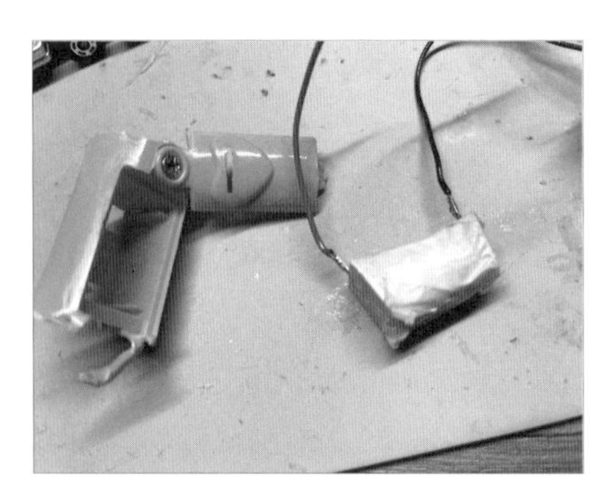

雑なDIY電池ボックスの例

複雑な製品もやってみると楽しい

シンプルな機能の製品をいくつか分解して慣れてきたら、少し複雑な機能の製品を分解してみよう。選ぶのがむずかしいときは、一度分解したことがあるシンプルな機能とほかの機能が合体した製品を選ぶといいよ。自分が見たことがある部品や機能がほかの製品でも見つかると、中身が一気に身近に感じられて楽しい！

見たことがある部品や機能の知識を分解を何回もすることで増やしていくと、複雑な機能もいくつかのシンプルな機能の組み合わせでできていることがわかってくるよ。

テクノロジーを自分のものにする

電源を入れればちゃんと動く製品をわざわざ分解したり、改造したりして通常の使用目的で使えなくすることは、ふつうは余計なことかもしれないけど、電子工作をする人にとっては超学びがある。今まではただの安くてありふれた製品に見えていたものも、分解して中身を理解することで自分の使える技術の延長線上にあるってことがわかるし、中身を知らなかったときより身近に思えて愛せる。

この文章を読んで分解をしたいなって思った人は、今すぐ100均に分解したいものを1,000円分くらい買いに行きな。

HOW TO

市販の機器をコントロールしてみよう

買った電子機器やおもちゃを作品の一部に

石川大樹

42ページで藤原さんが、市販の機器を作品の一部に使うことについて書いてくれている。その発展版として、ここでは市販の機器をコントロールする方法について説明していきたい。

たとえば僕は以前「キーボードの上にのって仕事の邪魔をしてくる猫」という作品を作った。市販の歩く猫のおもちゃにセンサーを取りつけて、キーボードの上にのったら（実際には足元の色を調べて黒かったら）動きを止めるというものだ。

こういった作品では、自作のセンサーの回路と猫のおもちゃの動きを連動させる必要がある。そのやり方について紹介していこう。

初級編：サーボモーターでスイッチを押す

これは藤原さんも言及していた方法だ。制御したいデバイスのスイッチ付近にサーボモーターやソレノイドを取りつけることで、物理的にスイッチを押すことができる。

余談だが、こういう原始的なやり方を雑工作の界隈では「物理を通す」と呼んでいる（例「そこ1回物理通すんだ（笑）」）。電子的な制御も物理現象を利用しているが、ここではゲームにおける「物理攻撃」と同じニュアンスで「物理」という言葉を使っている。

一般的に電子工作というと電子回路で実装するイメージがあるので、物理を通す実装は意表を突くおもしろさがあり、人に仕組みを説明するとちょっとウケる。

押しボタンスイッチであれば実装は簡単だけど、パチッと切り替えるタイプのスイッチだと実装もややむずかしくなるかもしれない。シャボン玉銃の引き金を引くというような、ちょっと高度なパターンもある。そういう場合は、94ページの「いろいろな動きを作る」が参考になるかもしれない。

中級編-1:リレーで電源を制御する

リレーというのは、ある回路から、電気的に接続されていない別の回路を制御する部品だ。言葉で説明するとちょっとむずかしいけど、つまりこういうことだ。

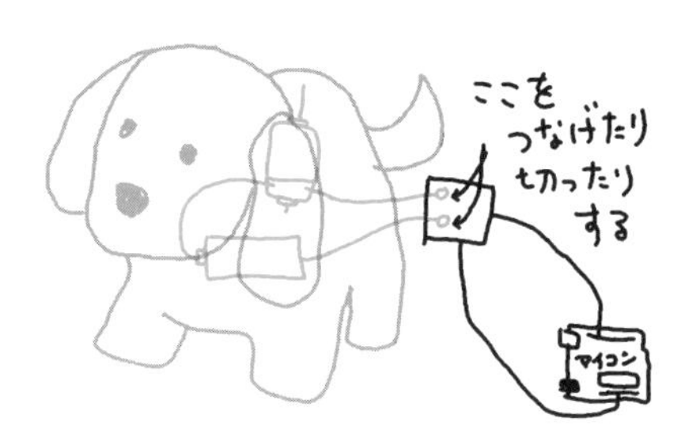

マイコンから別の回路のON/OFFができる

リレーは配線方法がちょっとややこしいけど、使い方自体はそんなにむずかしくない。ここでは5ボルト用のリレー「Y14H-1C-5DS」(HSIN DA PRECISION)を使用して説明しよう。

リレー「Y14H-1C-5DS」

①制御したい機器の電源ラインを切断する

たとえば歩く動物のおもちゃだったら、モーターが中に入っているはずだ。そのモーターと電池のあいだの銅線を切ってしまおう。

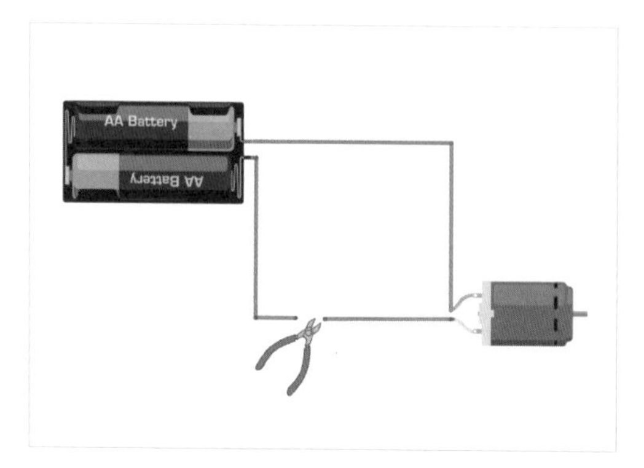

おもちゃ内部の配線を切る

②Arduinoでリレーを制御する回路を組む

ここではデジタルピンの9番からリレーを制御するようにした。こうすると9番ピンをHIGHにしたときにAとBの線が電気的に接続され、LOWにすると切断される。

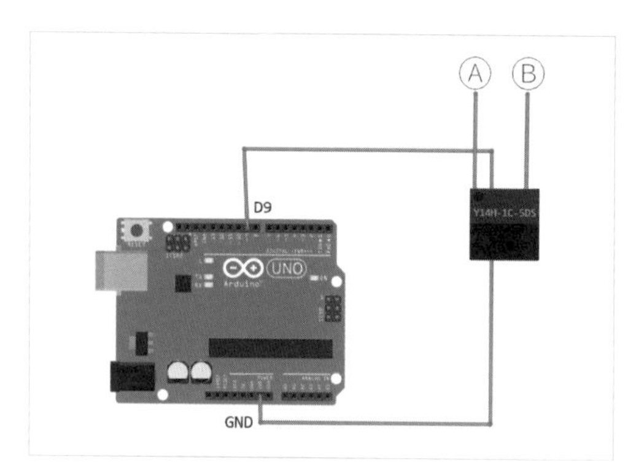

リレー「Y14H-1C-5DS」を使った回路の例

③リレーと制御したい機器をつなぐ

先ほど切断した線の先を、それぞれAとBに接続する。そうすると9番ピンの出力に合わせて、動物が歩いたり止まったりするはずだ。

注意点としては、リレーは定格接点容量というものが決まっている。

Y14H-1C-5DSであれば、1アンペア/24ボルトまでの電流しか流すことはできない。だからコンセントにさす扇風機のような機器は接続できないので注意しよう（そもそも100ボルト用の機器を改造するのは危険なのでやめよう！）。

また、リレーはモーターと同じようにコイルを使った部品なので、電流喰いだ。本当はデジタルピンに直接つなぐより、トランジスタを使用した回路を組んだ方が安定して動くはずだ。ただ雑工作の「動けばOK」のマインドに従うのであれば、上記のような回路でも全然かまわないと思う。

中級編-2：リレーでスイッチを押す

今紹介したリレーで制御する方法は、使える機器に制限がある。電池とモーター直結のシンプルなおもちゃであれば問題なく使えるのだけど、たとえば風速切りかえ付きのハンディ扇風機みたいな、電池を入れた直後は待機状態で、その後スイッチを押すと動き始めるような機器には使えない。リレーでON／OFFしても、無電源と待機状態を行ったり来たりするだけだからだ。

そういうときは、リレーの別の使い方をしてみよう。スイッチをバイパスしてリレーにつなぐことで、疑似的にスイッチを押すことができる。

① スイッチの周辺を分解して、スイッチにつながっている線をバイパスする（分岐させる）

タクトスイッチの横に出ている
2本の緑の線がバイパスした線

② Arduinoでリレーを制御する回路を組む

Arduino側の回路はさっきと同じ。

③ リレーと制御したい機器をつなぐ

バイパスしてきた線の先を、リレーのAとBの線に接続する。

ふだんは9番ピンをLOWにしておき、スイッチを押したいタイミングで一瞬HIGHにしてからLOWに戻す。これで疑似的にスイッチが押せる。

スイッチを押す（押して離す）というのは、回路を一時的に接続しすぐ遮断するということだ。それをリレーを使って再現しているわけだ。

僕はこれを使って、家の熱帯魚水槽の照明を自動化している。もともとスイッチを押すたびにOFF→ON→強→弱→OFFと切り替わる仕様だったのを、タイマーと連動して自動で動作するようにした。

上級編：フォトカプラを使う

リレーと似たような働きをする部品に、「フォトカプラ」というものがある。これはコイルが入っていないのでリレーより省電力で動く。

フォトカプラ「TLP222AF」
（東芝セミコンダクター）

先にも触れたけど、上で紹介したArduinoのデジタルピンに直接リレーをつなぐやり方は本当はちょっと無理をしているので、置きかえられるのであればフォトカプラを使ったほうが動作が安定する。

ただ、フォトカプラにはあまり大きな電流を流すことはできない。だから中級編-1のようなモーターを動かす電流が通るところはリレーを使って、中級編-2のような切りかえスイッチを置きかえるところはフォトカプラを使うのに適している。

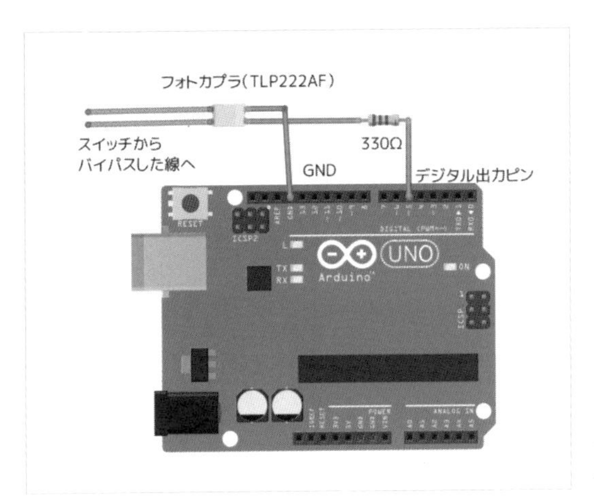

フォトカプラ「TLP222AF」を使った回路の例

自分のスキルや用途に合わせて使い分けよう

ここでは4つのやり方を紹介したが、どれを使っても市販の機器をコントロールすることはできる。自分の技術レベルに合わせて挑戦したり、実装がうまくいかなかったらほかのやり方に変えたりと、つまみ喰い的にいろいろ試してみよう。

雑に使える ハイテクノロジー

最先端のテクノロジーだって 雑に使って楽しい

ギャル電

ChatGPTは、超話題になったからみんなもう知ってると思うけど、超高性能な人工知能のモデルで、質問に答えて情報を教えてくれたり自然な感じで会話の相手をしてくれたりする、OpenAIが開発したサービス。メールアドレスがあれば、無料登録できてウェブやアプリで簡単に使える。

最新の情報や、専門的な情報にはおおよその情報をもとにそれっぽく回答するから間違えたことを答えることもある。でも、簡単な電子工作のコードはけっこう完璧に動くものを教えてくれることが多くて超便利！どんな風にChatGPTにコードを書いてもらっているかを紹介するね。

ChatGPTが得意じゃないこと、得意なこと

雑な電子工作は今までやってる人がいなかったわけじゃないけど、世の中にまだ概念としては浸透していない。だから、ChatGPTにおもしろい工作や雑な工作について聞いてみても、まず「雑」についてわかってないし、人間にはまだ理解できない「おもしろさ」でアイデア出ししてくれることが多い。何がおもしろいかについては人間同士でもかなりツボが違うからまあしゃーなしじゃん。

アイデア出しはあんまり得意じゃないみたいなので、今んとこアイデアくらいは自分で考えたほうがいいみたい。

けっこう得意なコードをChatGPTに頼む

ChatGPTにコードを書いてもらうには、まずどんなものを作りたいかを具体的にイメージして機能や使う部品を決める必要がある。

たとえば、赤外線センサーを使ってセンサーに反応があったときに猫じゃらしをランダムにサーボモーターで動かす工作を作りたい場合なら、サーボモーターをランダムに動かす作例や、赤外線センサーの作例をまずいくつか調べてみる。複数の作例から、自分の作品に必要な部品の型番や部品を使うのに必要なライブラリを確認しておく。部品を選ぶときに、発売されたばかりの新製品や用途が専門的でインターネット上にあまり情報がない部品を選ぶと、ChatGPTでは正しいコードを書いてくれない場合があるので要注意！

指示はなるべく具体的に

ばっちり動くプログラムを書いてもらうには、なるべく細かい情報をChatGPTに伝える必要があるよ。

- 部品の型番
- 何の値を使って
- 何の部品をどのくらい、どんな風に動かすか

このようなことを箇条書きで、まず自分の頭の中でシュミレーションして、指示をまとめるのが超重要！

たとえば「Arduino nanoとサーボモーターSG-90、赤外線センサーHC-SR501を使用して、赤外線センサーに反応があったら30秒間ランダムにサーボモーターを動かすプログラムを書いてください」って感じで指示を入力すると、秒で次の図みたいなプログラムをわかりやすいコメント入りで出力してくれる。コメント入りで出力してくれない場合は、「1行ごとにコメントしてください」って指示を付け加えるといいよ。

```
#include <Servo.h>

Servo myServo;
int pirPin = 2; // 赤外線センサーのピン
int servoPin = 9; // サーボモーターのピン

void setup() {
  myServo.attach(servoPin); // サーボモーターを接続したピンを指定する
  pinMode(pirPin, INPUT); // 赤外線センサーのピンを入力モードに設定する
  Serial.begin(9600); // シリアル通信を開始する
}

void loop() {
  int pirValue = digitalRead(pirPin); // 赤外線センサーの状態を読み取る
  if (pirValue == HIGH) {
    moveServoRandomly(); // サーボモーターをランダムに動かす関数を呼び出す
    delay(30000); // 30秒待つ
  }
}

void moveServoRandomly() {
  int angle = random(0, 180); // 0から180の範囲でランダムな角度を生成する
  myServo.write(angle); // サーボモーターを指定した角度に動かす
  delay(1000); // 1秒待つ
}
```

Regenerate response

コードをコピペしてやってみて、動かなかったりちょっと違うなって場合は、続きのチャットで修正点を伝えればちゃんと修正したプログラムを書き直してくれるよ。雑工作にも根気よく付き合ってくれるChatGPT超尊いし、未来は今すぎる!!

部品をつなぐ方法がわからないときもChatGPT

コードだけじゃなくて、配線方法を調べるのがめんどくさい場合も、ChatGPTに聞けばくわしく教えてくれる。たとえば、「サーボモーターSG-90とArduino nanoの接続方法を教えてください」って入力した場合は、こんな感じ。

サーボモーター SG-90 を Arduino Nano に接続するためには、以下の手順に従って接続します。

1. Arduino Nano の電源を接続します。Arduino Nano には5VとGNDのピンがありますので、それぞれに対応する電源の線（5VとGND）を接続します。
2. サーボモーターの信号線（制御線）を接続します。SG-90 サーボモーターには、赤（電源）、茶（GND）、橙（信号）の3本の線があります。橙の信号線を Arduino Nano のデジタルピンに接続します。どのデジタルピンを使用するかは、プログラムで指定する必要があります。
3. サーボモーターの電源を接続します。SG-90 サーボモーターの赤い電源線を Arduino Nano の5Vピンに接続します。
4. サーボモーターのGNDを接続します。SG-90 サーボモーターの茶色のGND線を Arduino Nano のGNDピンに接続します。

以上の手順で、サーボモーター SG-90 を Arduino Nano に接続することができます。接続後、Arduino のプログラムを使用してサーボモーターを制御できます。

サーボモーターの配線方法は正しく教えてくれるんだけど、少し手順がおかしいなってところもある。

配線をするときに、Arduino nanoの電源を入れるのはなぜですか？電源の入っていない状態で配線し、配線後に電源を入れたほうが安全ではありませんか？

申し訳ありません、先ほどの回答に誤りがありました。正しい手順を以下に示します。

1. 配線作業を行う前に、Arduino Nano の電源を切っておくことが重要です。Arduino Nano が電源に接続されている状態で配線を行うと、誤った接続やショートが発生する可能性があります。そのため、事前に電源を切っておくことで安全性を確保します。

正しい手順は以下の通りです：

1. Arduino Nano の電源を切っておきます。これにより、誤った接続やショートを防止します。
2. サーボモーターの信号線（制御線）を適切なデジタルピンに接続します。デジタルピンの選択は、プログラムで指定する必要があります。
3. サーボモーターの電源線（赤い線）を Arduino Nano の5Vピンに接続します。
4. サーボモーターのGND線（茶色の線）を Arduino Nano のGNDピンに接続します。
5. 配線が完了したら、Arduino Nano の電源を入れます。

配線作業中に電源を入れると、誤った接続やショートが発生する可能性がありますので、必ず電源を切った状態で作業を行ってください。電源を入れるのは、配線が正しく接続されていることを確認した後です。

ツッコミを入れると直してくれるけど、人間のコメントが間違っていたらそれにあわせて間違えた回答をする可能性もある。でもだいたいあってればオッケーくらいの気持ちで使うのが大事。

高度なことも気軽に聞いてみよう

ChatGPTにコードを思い通りに書いてもらうには、ある程度Arduinoの基本的な部品の使い方やコードの書き方を知っていないと指示をうまく出すことができないので、少しむずかしいかもしれない。でも、そんなときにはChatGPTにわからないところを納得いくまで質問したらオッケー！

内容がむずかしくてわからないコードをChatGPTにコピペして1行ずつコメントを書いて解説してもらったり、自分で書いてみたら動かなかったコードをコピペして動かない原因を探してもらったりできるよ。いちいち人に聞きづらい、わからないところを気軽に聞いて解決できるから、超使いやすい。何回同じこと聞いても全然怒らなくて、もう全部を頼りたい気持ちになるけど、質問の内容や聞き方によっては間違えたことを回答するかもしれないので、本やほかの資料もあわせて確認することもめっちゃ重要だよ。

HOW TO

「怒られ」回避で平和に電子工作

ポイントを抑えておけば先輩たちもコワくない

ギャル電

電子工作を自分なりに楽しくやってるだけなのに、怒られちゃうことがある。めっちゃテン下げ⤵⤵

これを書いている2023年はだいぶ平和になったけど、ギャル電が活動を始めた2016年頃は今よりもSNSとかで発信するときに初心者がディスられやすかった。

ギャル電は、「ギャルが作った電子工作はどうせ燃える」、「実際のプログラムや電子工作は彼氏とか誰か他の人がやっている」とか言われてめっちゃムカついたから、なめられないようにジャケットの背中に「感電上等」って入れた。わからないことに挑戦して自分なりになんとか完成させて「やったー！」って他の人に見せたら「正しくない！」とか、「そんなこともわからないのか！」って知らない人に急にきびしいこと言われるのは、心が折れるよね。

できれば怒られたくないんだけど、何が怒られるポイントなのかも初心者にはよくわかんないじゃん。ここでは電子工作で怒られやすいポイントについて、ギャル電が知ってること書いてくよ。

怒られやすいパターン

ギャル電の経験だと、初心者が思いがけず怒られるときは、だいたい「安全」、「法律」、「リスペクトがない」の3つのうちのどれかが原因のことが多い。

安全じゃないやり方をしている

電気は扱い方を間違えると発火や感電などの事故に至る可能性があるから、安全に配慮しないで危なっかしいことしてるとけっこうな割合で注意されやすい。誰だってケガをしたくてやっているわけじゃないから、注意されたことについては反省して改善できる方法を確認しよう。

でも、たまに「それ違くね？」っていう注意もあるから、注意をきっかけに調べて次から違うやつは「違うよ」って言えるように勉強しとこ！

うっかり法律や規則を破っている

法律は複雑でむずかしいからギャル電が理解できてる範囲でものすごい雑に説明するけれど、

- 「技適」を取得していない無線機器（たとえば海外輸入の無線LANとかBluetooth接続できるマイコンボード）を使ったり、
- 「電気工事士」の資格なしでのコンセントの交換や家の電気工事とか、

をすると怒られるよ。「技適」とは「技術基準適合証明」のことで、日本の法律の基準に適しているかどうかの証明があるかどうか。

他にもあると思うんだけど、DIYとか一般的な電子工作でうっかりやっちゃう可能性が高いのはとりま、この2つ。この本で紹介してる工作はとりま法律にひっかかることは特にないから安心しな。

もっと知りたい人は「電子工作　法律」とかで検索してみるといいよ。

リスペクトがない

過去に偉大なたくさんの人――たとえばツールやサービス、製品を作った人、本を書いたり、ワークショップしたり、インターネットにシェアしてくれた人、コミュニティを作ってシーンを作った人、誰かの作品を「いいね」ってして作者にメッセージを伝えた人、そういうたくさんの人が自分のやり方で電子工作シーンを作ってきてくれたから、今こうしてギャル電も楽しく自分の電子工作をエンジョイしてる。
「今から電子工作を始めよう！」って思ってる人ももち、未来のシーンをつなげていく一員じゃん。それぞれスタンス違うことはあるかもしれないけど、「基本失礼はないように‼」っていうのがリスペクトだと、ざっくりギャル電は思ってる。

まあでも、「電子工作」って一言で言っても、作るもののジャンルやコミュニティごとで常識やルールが違うことがある。同じ趣味を持っていても意見やスタンスは違う相手も多い。それは、電子工作以外の自分の知らないジャンルについても同じ。自分と違う常識やルールに対して、めちゃ敬意がなかったり軽く扱ったり悪口に聞こえることを誰かが言っていたりしたら、そりゃ気分がいい人はあんまいないよね。

まあふつうに、自分が言われて嫌だなってことは誰でも自由に見ることができるSNSとかで言わないほうがいいってこと。

コミュニケーションエラーから自分を守る

「技術力、工作力が高くてちゃんとしたものがいいもの」って価値観もあれば、そうじゃない価値観もある。価値観が違うと、自分ではポジティブな言葉として相手に伝えたつもりが相手にとってはネガティブな言葉として受け取られちゃって、お互いに悲しいコミュニケーションエラーが起こることがあったりする。

たとえば、この本で推してる「雑」は、ギャル電的には「人類の一員として偉大なナイストライ‼」、「野蛮な初期衝動最高！」っていうニュアンスを含む、超ポジティブなイメージの言葉。なんだけど、今んとこ一般的にはほめ言葉じゃない。自分で「雑でしょ？」って言っている人に「雑じゃん！　最高！」って返すと、受け取る側的にはまだポジティブな言葉としての雑に心の準備ができてないから、「雑」と「最高！」に温度差がありすぎて最悪「ディスってんの？」って思われる可能性がある。この本がメガヒットして10年くらい経って永遠の名著になったら世間の認識もまた変わってくると思うんだけど、今んとこはそんな感じ。

だから、「雑」のバイブスが最高にいいなって思っていても、相手に正しく気持ちを伝えるには「雑」は難易度が高すぎるほめ言葉だから、ふつうに「めちゃめちゃいいね！」とか「これ好き！」みたいな、100パーセントポジティブな言葉でよさを伝えよう。

電子工作警察に気をつけろ

自分の中で正しいと思っていることをしていても、相手から受け入れられにくいこともある。

たとえばネットミームで「○○警察」っていうのがあるんだけど、なにか特定のワードの漢字や表記が違っていたり、ちゃんとしたものを作っていなかったり、それはとにかく初心者が間違ったことをしてるのをキャッチして教えてくれる人たちのことを指す。

もうすでにギャグになりつつあるけど、「基板警察」は「基盤」と「基板」を書き間違えると現れて指摘してくれる。たしかに「基板」と「基盤」は意味が違うので指摘は正しいし、しつこく取り締まってくれたおかげで「基板」と「基盤」を書き間違えられなくなった。正しい。でもめっちゃうざい。

電子工作の世界は、仕事で設計や製造に関わっている人もいるし、全然関係ない仕事でも趣味として楽しんでいる人もいる。Arduinoの登場以降、「電気のことを専門的に勉強したい！」って気持ちがなくても気軽に電気で動く工作を作れるようになったから、ちゃんとした製品みたいなものが目標じゃなくてとりあえずなんか思いついたアイデアを動かして遊びたいだけのスタンスの人も増えた。だけど、「○○を正しく守ってない！」みたいなことを初心者が急に知らない人に言われてもむずかしくてビビるだけだし、あんまり世界はよくならない、とギャル電は思ってる。

怒られないための自分のスタンス

何度も言っているけど、電子工作は作るもののジャンルでやり方だったり常識とされることがかなり違ったりすることがあって、「正しい」にも幅がある。

だから、まずは自分のスタンスは決めておきたい。それがないと一貫していない自分に使いこなせない「正しさ」にメンタルやられて、続けるのが楽しくなくなってしまうことがある。

自分の考えたものを作って動かすのは超楽しいんだから、自分の「正しい」にたどり着くためにスタンスを決めて、「自分にはちょっと違うかな」って「正しさ」はリスペクトしつつも全部は受け入れないように線を引くと、楽になるよ。

ギャル電は、「ずっとちゃんとしてなくてもクラブで遊ぶくらいの間に壊れなければいい」、「必要なときに必要なものを勉強する」、「つなげばだいたい光っから！」っていうスタンスでやってる。

COLUMN

電子工作と私

藤原麻里菜

「めっちゃ簡単だからやってみなよ」――そう言われて、私はArduinoを買った。たぶん、100円ショップで売っているモーターが内蔵されているおもちゃなどを分解して、無理やり電子工作未満なことをしていた私を見かねて、そうすすめてくれたんだと思う。プログラミングとか、回路とか、私は完全なる文系だったから、そういうの本当に無理なんだよねと敬遠していたところがある。しかし、Amazonで3,000円くらいのキットを購入し、オライリーから出ているArduinoの初心者本を手に取り、まずはLEDをチカチカさせてみた。本当に簡単だった。

そこから私はサーボモーターを動かすようになった。サーボモーターを動かすのもかなり簡単で、プログラムをゼロから書くようなことはしなくていい。サンプルコードをこねくりまわせば、好きなように動かすことができる。そして、ぎゅいーん、ぎゅいーんと、プログラム通りに一定の間隔で動くサーボモーターに愛着がわいた。かわいい。これが2016年くらいのこと。

2023年の今、私はいろいろなセンサーやモジュールを使えるようになった。7年の月日が経っているわけだから当たり前っちゃ当たり前なんだけれど、中学生の頃ギターのFコードが押さえられなくて挫折したり、難しい映画にくわしくなろうとTSUTAYAでDVDを借りてきては途中で寝て、イラレでグラフィックデザインをやるぞと奮起したのにパスがよくわからなくて放棄して、そういう私にとって、ここまで続けて、そして着実に新しいことができるようになっているのはすごいことなのだ。

なぜここまで電子工作を続けられたのだろうかと考えたところ、それは、「好き」とか「やる気」とかじゃなくて、「ハードルを低く設定していたから」だったと思う。最初のスタートが「どうせオイラなんて、プログラムも書けない低レベルな人間でやんす。でも、なんとか頭にあるものを作りやすっ！　すいやせん……」という超低姿勢から電子工作の扉を叩いた。扉を叩いたっていうか、扉の下の隙間からにゅるりと入ったと言ったほうが合っているかもしれない。もし電子工作の扉の下に隙間テープが貼ってあったら私は入れなかった。だから、隙間をちょっとあけておいてくれたメイカーの先輩方には感謝の気持ちでいっぱいだ。

たぶん、始めるときに、「すげーもの作るんだぜ！　おれが世界を獲る！」とか考えていたら、自分の性格的にすぐに諦めていたと思う。そういう姿勢で続けられて、実際にすげえものを作っている人もたくさんいるけれど、私の場合はそうじゃなかった。

ものづくりにおいて、まず一番重要なのが「継続」だ。作ることをあきらめずに、定期的に物を作ることはそれだけで人生が豊かになるし、心も健康になるし、なにより楽しい。そして、継続するためのコツは、低姿勢であることだ。あんまり自分に期待しすぎないこと。そうしておけば、どんなにボロボロのロボットを作っても、「ま、こんなもんでしょ。いや、自分にしてはよくできたほうだな」と、ちょっと調子に乗れる。こういったマインドでいると、続けられる。実際、私は役に立たない無駄な工作をすることを10年続けられている。

雑に工作をするのって、なんて楽しいことなんだ。雑というと、ネガティブなイメージがつきものだけれど、雑というのは低姿勢で、そして、自分が好きなものを好き勝手作るということだと思う。雑でもいいから、みんなも一緒に物作りをしよう！

4章

電子回路以外の工作テクニックもおさえたい

HOW TO

「鬼盛り」のススメ

どんどんデコれば
200パーセントハッピーな作品の
できあがり

ギャル電

雑に作ると作品が完成したとき、表面にはみ出した接着剤のデコボコやぴったり合わなかったパーツの隙間が気になって、いまいちテンションがあがらない場合がある。

そんなときにおすすめなのが、完成品をデコってみること。それもただの盛りじゃなくて、自分の限界突破するくらい盛る「鬼盛り」がアツい。

完成した後に上からなんか貼るだけで、失敗しちゃって気になる部分は見えなくなるし、盛るとテンション爆上げ⤴⤴になって楽しいから、全人類は積極的にもっと盛っていくべきじゃね？

盛りのテクニック

基本は作品にとにかく何かをバイブスのまま貼りつけていけばいい。全面に貼ってもいいし、気に入らないところを隠すだけでもいいし、ワンポイントから始めても全然オッケー！　盛りのセンスは盛らないと磨かれない。

パーツを盛った後になんかおかしくなったな、と思ったらさらにそれを打ち消すくらいに盛ることでいい感じの盛りになることも多い。

迷ったらはがしてやり直すより、変になったところの上からさらに被せて盛ったほうがよりテンションがあがる。盛りを恐れない者だけが、最高の鬼盛りのバイブスを手に入れることができる。

無心になるまで盛りに没頭するといいよ！

ギャル電作品「光るサンバイザー」

貼れる隙間をとにかく埋める

盛りに慣れてないと、自分ではすごく盛ったつもりなのに完成してもいまいち盛りにパンチが足りない場合がある。その場合は土台が見えないくらいに盛ってみよう！

いい感じの盛りをするにはまず土台から攻めるとやりやすいから、布や紙みたいな大きい面積をカバーできる素材は最初のほうに貼って、小さくて少ししかないけどインパクトがあるスペシャルなパーツは最後に貼る。アクセントやメインにしたいパーツはどの辺に貼るかを最初になんとなく決めておくと、作業が進めやすいよ。

なんとなくテーマを決める

メインで使いたい色のトーンを決めておいたり、海っぽくするとかメカっぽくするみたいなテーマをなんとなく決めておくと盛りを始めやすい。

気分が乗ってきて、盛りトランスの状態になってきたら、最初に決めたテーマは無視してフィーリングでどんどん盛っていっても全然大丈夫‼ 楽しかったら超オッケーだから！

盛りから始まるエボリューション

盛りのバイブスがつかめてきて自分好みの盛りができるようになると、もうこれ以上盛れないと思っていたところからさらに盛ることができる「盛りの限界突破」が起こることがある。

より高く、より派手に、よりかわいく、よりかっこよく、より愛せる!!みたいに、自分の欲望を盛りで表現して作品に追加することで、今まで思いつかなかった取りつけ方法や、作品の構造自体を変えるアイデアを発見したり思いついたりすることもある。

あんまり見た目にはこだわりがないから盛りは別にしなくていいかなって人も、一度は試して盛りで進化する自分をぜひ感じてみてほしい。

盛るとテンアゲ⤴な素材

ステッカーやシール

かっこいいステッカーやシールを貼ると、見た目がよくなる！　コツは自分がかっこいいとか好きだなと思うシールを真剣に選ぶこと。

あと、シールはそもそも貼れるようにできてるから、糊とかテープとかなくてもすぐ貼れて超便利!!　小さいシールをいっぱい貼るのが面倒な人はなるべくでかいシールを選ぼう。

初心者におすすめなのは、目玉シール！　作品の機能とかに関係なく顔がついてると、急に作品の愛せる度が超アップするよ。

いい感じの色とか柄の紙

折り紙、包装紙、汚れていないお菓子の箱、チラシやポスターなど、いい感じの紙っていっぱいある。1つの色や柄だけを使ってもいいし、コラージュみたいにいろいろな紙から好きな部分をピックアップして貼ってもいい。プリンターで好きな画像や柄を印刷してもいいと思う。ふつうの紙だと物足りないな、って人はパッケージ屋さん（包装資材を専門に扱っているお店）に蛍光の店頭ポップ用のド派手な紙やマニアックな包装紙が置いてあるから、チェックしてみるといいかもよ。

いい感じの布

柄プリント、エナメル、レース、メタリックなラメやサテン、家具やカーテンみたいな別珍、ビニールなどなど、布にもいろいろな種類がある。

布は見た目で選ぶほかに、さわり心地で選ぶのもいい。

広い平らなものにはあんまり伸びない種類の布、丸みがあったりデコボコした部分は伸びるタイプの布が貼りやすいよ。布を切るのや端っこの処理がめんどくさい場合は、端の処理がいらないリボンやビニールとかを使うといい感じ。

布を貼るとき、接着剤は手がべとべとしてテンション下がるけど、布用両面テープとか、ホットボンドを土台につけて引っ張りながら貼ると簡単に貼れるよ。

作品にジオラマ用の芝生シートを貼ったら、
謎のネイチャー感が出てよかったことあります。〔I〕

スタッズ(トゲトゲ)

鉄やプラスチックでできた鋲のアクセサリーパーツ。丸や円錐、ピラミッド型、星形がある。

手芸屋さんや100均の手芸コーナーでゲットできるよ。作品がなんか弱そうだから強めにしたいなってときは、とりあえずトゲをいっぱいつけると強そうになるしかっこいい！　手で握ったり身に着けたりする作品の場合は痛くてテンサゲ⤵になるからトゲが自分に刺さらないようにちょっと考えて貼ったほうがいいよ。

ラインストーン

アクリルやガラス、プラスチックでできた宝石みたいに表面をカットしたデコレーションパーツ。キラキラしているので、使うと一気に派手さアップ↑　90年代のギャルの携帯電話の画像とかを参考にみっちり表面に貼ると自分の中の盛りの概念が更新されるよ。

100均で買う場合には、ネイルコーナーかシールコーナーを探すと見つかりやすい。

フェイクファー

毛足の長いふわふわした布。貼ると一気にさわり心地がよくなるし、無骨だったり無機質な作品が一気にぬいぐるみみたいになるよ。

ただし、モーターや動く機構、熱を持ちやすい機構のまわりは毛が巻き込まれたり挟まったり放熱できなくて故障する可能性がアップするから、要注意！

切るときは、裏側の毛がはえていない土台の布地部分だけをハサミの先端で少しずつカットするか、裏側からカッターを何往復かさせて切るときれいに切れるよ。

チェーン

巻いたり、作品に穴をあけて通したり、フックみたいなパーツを取りつけてチェーンをぶら下げて作品をデコると一気に盛り上級者感が出るよ。

ブレスレットやネックレス、アクセサリーの材料で売っているパーツ、工事用のプラスチックチェーンなどなど、チェーンも素材や種類が豊富で手に入れやすい身近な盛りパーツ。

金属のチェーンを使うときは、作品自体を左右に振ったり、上下さかさまにしたときでも電子部品や通電する部分にさわらない場所にデコらないと故障の原因になるから、要注意！

小さいフィギュア、ぬいぐるみ、キーホルダー

とにかくごちゃごちゃした感じの盛りにチャレンジしたいときは、お菓子のおまけとか100均で買えるおもちゃやキーホルダー、リサイクルショップとかで買える小さいフィギュアやキーホルダーを盛りの素材として追加するのもアリよりのアリ！　盛りの素材として選ぶときには接着しやすさをポイントにするといいよ。シリコン素材や大きさの割に重いもの（中身がみっちり詰まった鉄とか）はくっつけるの大変だから、取りつける方法が思いつかないものは初心者のうちは避けたほうがベターかも。

盛りたいだけ盛っちゃえ！

ぶっちゃけた話、盛りたい気持ちがあれば、重力や安全が許す限りもう何でも自分が好きなもの好きなだけ盛っちゃえばいいと思う。

あと、盛りは基本自己満が大事だから！　ほかの人がいいねって思わなくても自分が超気に入ったら大成功だよ。気合入れて盛ってこ!!!!

工作に使える使いやすい素材

土台や構造は、板、棒、箱の組み合わせから

石川大樹

少し作り慣れてくると、作りたいアイデアに対してこういうときはサーボモーターを使えばいいなとか、加速度センサーでいけそうだなとか、電子工作で実装するコツがつかめてくる。そればかりかマイコンのプログラムだけちょっと変えれば過去の作品の回路を使いまわせるようなケースも増えてきて、電子工作はどんどん楽になっていく。

しかしそれでもなお残る難問が、電子がつかない方の「工作」だ。ハリセンで叩くマシンを作りたいとき、ハリセンを振るためのアームを何で作るか。またアームを振った反動で本体が転倒しないような土台も必要だ。そういった「構造を作る」ための素材を紹介しよう。

雑に作るための素材の条件

手早く雑に作るという観点で素材を考えたとき、このような条件を考えなければいけない。

・加工しやすい

ノコギリで板を切るのは大変すぎる。3Dプリントなど待っていられない。すこしでも早く仕上げてしまいたいのだ。切る、曲げるなどの加工

がすばやくできる素材がよい。

・入手しやすい

思いついたときにすぐ買えることが大切。できれば100均で入手したい。ダメでも専門店の通販を待つよりは、せめてホームセンターで調達できるとよい。

あとは、必要に応じて強度や見た目などを考えていくことになる。

雑に作るための「板」

使う機会の多い素材トップツーが、板と棒だろう。そのうち板は土台に使ったり、箱を組んでケースとして使ったり、小さな機械部品（なにかのストッパーとか）を切り出したりとさまざまな用途に使う。

ダンボール

加工しやすさ、入手しやすさ、いずれも右に出るものはない雑工作の帝王のような素材。切りやすいだけでなく曲げることも容易なので、自分で好きなサイズの箱を作って本体ケースにすることも可。また木や樹脂に比べると柔らかいため、クッション材として使うこともできる。難点は強度が低いところ。また細かい機械部品にも向かない。

ボール紙

厚紙。特性としてはダンボールに似ているが、薄く、中の空洞もないため細かい部品を作ることもできる。

MDF／木材

MDFは木材を一度粉々にしてから固めなおした板。一般的な木材と比べて価格が安い。100均にも板材が売られていて、入手性もよい。どちらも丈夫なうえに、ドリルで穴をあけやすいのもうれしい。カットは大変なので基本しないが、厚さ1〜2ミリのものが手に入ればカッターナイフでも切ることができるので便利。ホームセンターならカット加工までしてくれる場合も。

塩ビ板

樹脂板の中では柔らかく、カットしやすいのが塩ビ板。手加工の場合は間違ってもアクリル板を買ってはいけない。塩ビ板を板材として買うにはホームセンターまで行くことになるが、実は100均で売られている「硬質カードケース」から良質の塩ビ板を得ることができる。薄くてカッターで切れるうえ、手で曲げる（折る）こともできる。透明なので他の板材とは違った使い道がある。ただし、薄くて柔らかいので力のかかる部分には使えない。

ちなみに塩ビ板を曲げたいときは力ずくで折る以外に、ドライヤーで熱すると曲げられる。木材の角などに押し当てながら熱すると好きな形が作りやすい。

塩ビ板はレーザーカッターでのカットができないので注意（人体にも機器にも有毒なガスが出る）。

100均の硬質カードケース

雑に作るための「棒」

板と並んでとにかく出番の多い、棒。支柱にしたり、骨組みにしたり、アームにしたり、クランク機構のロッドにしたり、あるいは装飾として使ったり。用途によって適切な素材を選びたい。

割りばし

入手性最強。なにしろ家にある。加工もしやすい。いっぽうで、長さが短いので用途は限られる。

角材／丸材

木の板と違って、細めの木の棒は切断も簡単だ。直径1センチ程度の角材や丸材であればノコギリで20秒でカットできる。そこそこ丈夫でもある。下穴を開けてなにかをビス止めするのも簡単。太さが合えば、最もおすすめな素材だ。棒は保管場所も取らないので家にストックしておくと重宝する。丸材は平面がなくて他の部品を接着しにくいので、ストックするなら角材かな。

塩ビパイプ

ホームセンターで買える水道管用のパイプ。強度のわりに安いので、大きいものを作るときに重宝する。またジョイント（接続具）の種類が豊富で、何本も組み合わせていろんな形が組めるのもポイント。切断はノコギリだと少し面倒だが、パイプカッターという専用の器具を買うと簡単に切れる。また、パイプなので中に銅線を通したり水を流したりと凝った使い方もできる。

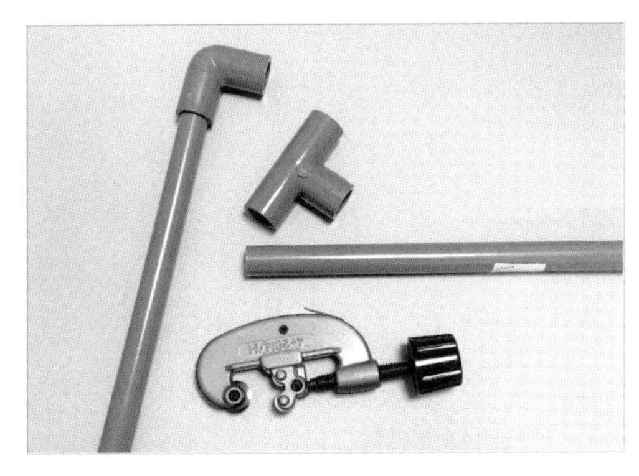

塩ビパイプ、ジョイントと
パイプカッター

ストロー

割りばしと並んで入手性はトップクラス。強度が低いので使う機会は少ないが、とにかく軽い棒がほしいときに使える。塩ビパイプと同じで銅線や水を通すこともできる。

雑に作るための「箱」

箱は主に作品本体のケースに使うことが多いけど、ほかにも土台にしたり、ロボットの頭にしたり、長めのものを支柱にしたりする。

ダンボール

板材のところですでに紹介した素材だが、箱としての機能も最高。本体ケースは穴をあけてスイッチを設置したりと加工する機会が多いので、ダンボールの加工しやすさが活きる。ただし強度は×。

100均のケース

100均に行くとあらゆるサイズの小物入れが並んでいる。加工は穴あけ程度に限られるが、あれだけ種類があれば使いたい大きさのものがきっと見つかるはずだ。そもそもインテリア用品なので、見た目がそれほどみすぼらしくないのも、ゴミっぽくなりがちな雑工作としては助かる。電動ドリルにくわえてホットナイフやリューター、ドリルの穴を広げるリーマーなどの工具があると加工の幅が広がる（が、自由自在というわけにはいかない）。

商品の空き箱

腕時計を買ったときの箱、綿棒が入っていた透明ケースなど、取っておくとなにかと使える。特に大手メーカー製ガジェットの箱は見た目もよいので、100均のケース以上に雑な工作の見た目をカバーしてくれる。お菓子の箱はさすがにみすぼらしいのでイロモノ枠だが、小学生が作った工作みたいで独特の風情はある。牛乳パックも同様だが、耐水性があるのでいざというときに使えるかも。

雑に作るためのその他の素材

ほかにも、覚えておくと便利な素材を紹介する。

ステー（曲げ板）

ホームセンターで手に入る。ステンレスやアルミの細長い金属板に、等間隔で穴が開いたもの。手で好きな角度に曲げられるし、穴にそのままねじ止めもできるためいろいろな場面で使用できる。他の素材でどうにもならなかった構造を実装するための最後の駆け込み寺的なパーツでもある。

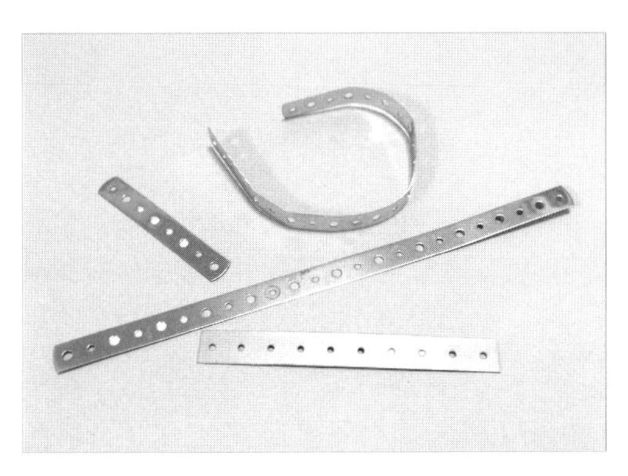

ステー。好きな形に曲げられる

ユニバーサルアーム／ユニバーサルプレート

タミヤ製品で、穴の開いた板やアームをピンで止めていくだけで簡単に構造が作れる。工作本体の土台にするほか、リンク機構を作るのにも最適。組むのもバラすのも簡単なので、見よう見まねで手探りしながら作る際に試行錯誤しやすい。

糸／テグス

物をしばることもあるが、雑工作で一番重要な用途としては「引っぱる」だ。サーボモーターに糸を結んで、人形の腕を引っぱって動かすとか。DCモーターで糸を巻き上げて、重いものを引き上げることもできる。ふつうの糸でもよいが、糸を目立たせたくない場合はテグスを使うとよい。テグスは縫い糸より固いので結び方にコツがいる。アクセサリー作りのサイトが参考になる。

私は100円ショップのキッチンコーナーに売っている
タコ糸（豚がしばられてるやつ）を使ってます。〔F〕

針金

引くだけなら糸でもいいが、クランク機構のロッドのように、押すこともしたい場合は太めの針金を使う。ちゃんと作るならピアノ線だけど、加工が大変なので1.5ミリくらいの太めのステンレス線を使うと楽。ただしピアノ線よりはやわらかい。

アルミホイル

電気を通す素材として使える。ダンボール等と組み合わせて、でかいスイッチを自作したりできる。上位互換品として銅板や、銅箔テープがある。

以上、僕がとにかく手早く作るためによく使う素材を列挙した。これ以外にもフェルトとかクリアファイルとか、用途によっては有効に使える日用品がいろいろある。店頭で探してみよう。

「接着スキル」の上達法

いつもそこにある接着のピンチを回避する方法

ギャル電

雑な工作をしていると、「これとこれを無理やりくっつけたいけどなんか無理なんですけどー」って接着のピンチが訪れがち！

そんな接着のピンチを救うかもしれない、いろんな種類の接着方法を紹介するね。

弱めのテープ（片面）

雑な工作では、とりあえず最初セロテープとかの手近なテープを使うことがよくあると思う。

ギャル電はセロテープはあんまりおすすめしない。紙とプラスチックみたいな異素材をくっつけるには接着力は低めだし、そのわりに「ちょっと違うな」って思ってはがすとベタベタが残ってテンションがさがるから。

でも、雑な工作にはいろんな可能性を何度か試せる仮止めできる弱めのテープが超必要。

マスキングテープや養生テープはいったん仮止めで材料同士を止めてみて、テープでイケそうかどうかを判断するのによく使うよ。テープが手でちぎれるところも超ポイント高い。

強めのテープ（片面）

弱めのテープで仮止めしてみて、もうちょっとしっかりくっつけたいなってときは、ダクトテープや強力タイプの布ガムテープがおすすめ！

弱めのテープも、強めのテープもテープ自体が紙みたいに硬いタイプのものよりも柔らかい布タイプのほうが素材にぴったりフィットしやすくて使いやすいよ。

強めのテープは、一度貼ってはがすと素材によっては土台ごとテープと一緒にはがれたり、粘着剤のベトベトが残って貼る前の状態には戻せないことがあるから、貼るときは覚悟を決めてから貼ろう。あと、見た目を重視するタイプの工作には向かない。見えない部分に使うか、テープだらけの見た目も味っていうかデザイン！みたいに、割り切れる場合に使うといいよ。

ちなみに、ダクトテープだらけの電子工作はめっちゃ不審物感がアップするから公共交通機関とかに忘れ物しないように注意して。

両面テープ

両面テープも雑な工作の強い味方。両面テープにもいろいろなタイプがあるから、買うときにパッケージに書いてある使える素材をちゃんと読んでから買うと失敗しづらいよ。

ギャル電のおすすめは超強力両面テープ（クッションタイプ）と、布用強力両面テープ。とりあえず“強力”ってなってるやつを買っとけば間違いない。

超強力両面テープ（クッションタイプ）はテープ自体に厚みがあるタイプで、貼りつける場所が平らな部分同士だったら少し重めのものを簡単にくっつけることができる。プラ板の裏に9ボルト電池をくっつけるくらいだったら、余裕の接着力だよ。

布用強力両面テープは、柔らかくて少し伸び縮みするから、名前の通りに布を他の素材に貼りつけたり、広い面をおおうように何かを貼りつけるときに便利。

たくさん両面テープを使って何かを貼りつけるときには、爪があんまり伸びてないと両面テープの台紙がはがしづらくてモチベが下がるから、細目のマイナスドライバーとかを台紙はがし用に一緒に用意しておくと作業がはかどるよ。

グルーガン（ホットボンド）

グルーガンは、固形の樹脂スティック（ホットボンド）を熱で溶かして接着するツールだよ。

少しデコボコした面同士でも溶かした樹脂で段差を埋めながら接着することができて最＆高！　木や段ボール、布、石、プラスチックとかいろいろな素材の接着に向いていて、接着剤が冷めるとすぐ固まって、強めに接着されるところが超使いやすい。

基板にはんだ付けした取れやすい配線の上にホットボンドをのせて補強する使い方もできるよ。

だいたいのものは秒でくっつけられるし、雑工作的には最強ツールって言いたいところだけど、発泡スチロールや薄めのプラ板などの熱に弱い素材では土台が溶けてしまうので使えない。ガラスやツルツルしている素材も固まった後にぺりっと接着部分がはずれてくっつきにくいよ。固まった接着部分はもう一度熱が加わると溶けちゃうから、真夏の車の中とか高温になる環境で使うものはほかの方法で接着しよう。

ホットボンドが固まった後にはがしたいときは、接着部分にアルコールをしみこませるときれいにはがれるよ。

多用途接着剤

正直に言うと、接着剤は得意じゃない。せっかちだからくっつくまで時間がかかると待てないし、気をつけて使っていてもいつのまにか手が超ベトベトになって作業が進まなくなるからできれば使いたくないなって思ってる。それでも接着剤がいちばんベストな接着方法の場合はある。平らな部分に少し丈夫にくっつけたいときには、接着剤は苦手だけど使う価値がある。

接着剤はめっちゃ種類があって、ギャル電がよく使うのはだいたいの素材に使える多用途タイプ。コニシの「ボンドGクリヤー」か、セメダインの「スーパーXゴールドクリア」を使うことが多いよ。

接着剤は素材によって接着できるものとできないものがあるから、少し無理そうかなって素材をくっつけるときには、買うときにパッケージの裏面を熟読してから買うのがおすすめ。

接着剤を塗ったあとに、端の部分にさらにホットボンドを薄くつけて仮止めすると、接着部分が乾くまで簡単に固定できるので、便利！

ポリプロピレン（PP）やポリエチレン（PE）はすごくよく使われる素材だけど、対応してる接着剤が少ないので注意！セメダインから「スーパーXハイパーワイド」が出てます。〔I〕

結束バンド

貼りつける方法ではどうにも材料同士がくっつきそうにない場合は、くくりつけるっていう選択肢も超アリ。くくりつける場所が見つからない場合には、素材自体に結束バンドが通るサイズの穴をあけて、その穴に結束バンドを通してくくりつけるっていう方法を使うよ。

結束バンドは100均や家電製品を扱っているお店の配線コーナーで手に入りやすい。簡単に取りつけや取りはずしができるわりにはけっこう頑丈に材料同士をくっつけることができてオススメ。大きいサイズで、持ち運ぶときにいったん組み立て直しが必要な作品とかにも使いやすいよ。

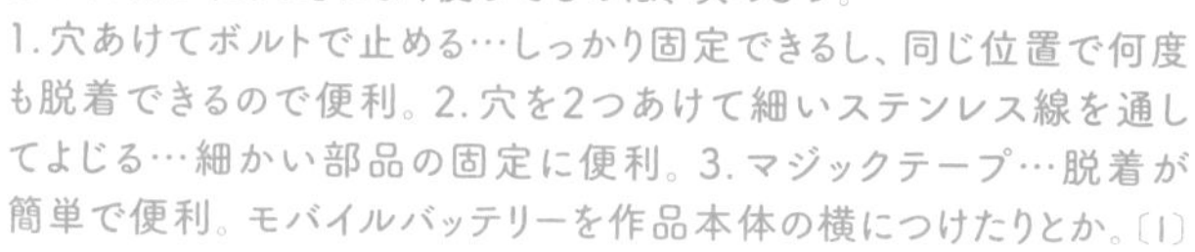
ほかに僕が個人的によく使ってるのは、次の3つ。
1.穴あけてボルトで止める…しっかり固定できるし、同じ位置で何度も脱着できるので便利。2.穴を2つあけて細いステンレス線を通してよじる…細かい部品の固定に便利。3.マジックテープ…脱着が簡単で便利。モバイルバッテリーを作品本体の横につけたりとか。〔I〕

買い物しながら脳内設計

買い物カゴの中で部品を組み立てながら思考する

石川大樹

雑でない、ふつうにやる作品作りってどんな工程で行われるものだろうか。たとえばこんな風だと思う。①作品のコンセプトを固める、②どういう実装にするか決める、③設計する／図面を描いたりする、④設計に基づいて材料やその寸法をリスト化する、⑤材料を調達する、⑥作る――そのあと動作確認とかいろいろあると思うが、いったんここまでにしておこう。

これと比べて、僕がいつも作品を作るときの工程はこうだ。①作品のコンセプトを固める、②買い物に行く、③作る――工程が半分になった！

一気に短くなった理由は、設計をしないことだ。雑に作っていると、実は細かい設計はしないほうがうまくいくことが多い。その理由と、設計しないで買い物をする方法をここでは説明しよう。

「電子工作」以外の材料

次ページの写真の作品はシャカシャカポテトを振る装置だ。木の棒に取りつけられた箱にシャカシャカポテトとシーズニングの粉を入れると、ギヤボックスがクランクの仕組みで棒を振り、ポテト全体に味がつく。ついでに棒の先についたLEDの残像で歌の歌詞が出る。ミュージックビデオ用に依頼されて作った装置だ。

電子工作の要素としては、LEDやマイコン、モーターにギヤボックス、それから棒の振りとLEDのパターンを同期させるためのフォトリフレクターなどがある。こういった部品は、だいたい使い慣れたものがあるため、家にストックしてあるか、通販で買ってしまえる。

それよりもそのほかの部品、ここでいうと木材（板や棒）、100均の小物入れ、ホームセンターで買ったL字金具（90度のものと45度のもの）などが、毎回「どれを使えば作りたい機能が実装できるんだろう……」という感じで悩みのタネになる。作りたい機能によって毎回違った部品が必要になってくるからだ。ここではこちらに焦点を当てたい。

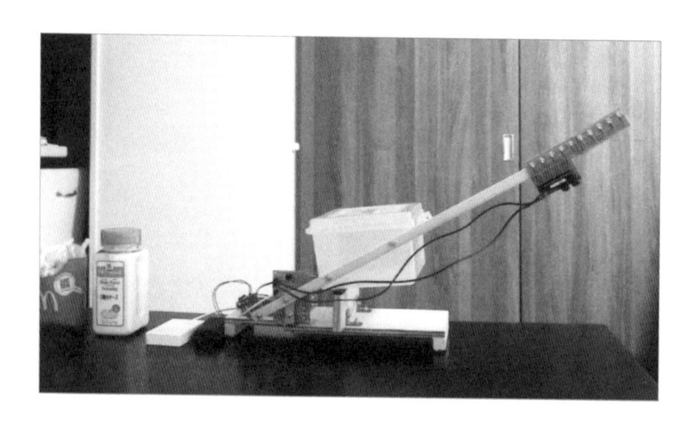

ありものを組み合わせて作る

工程の話に戻ろう。設計をしてから買い物に行かない理由は、単に「めんどくさいから」だけではない（もちろんそれもあるが）。先に設計をすることが困難だからだ。

たとえばさっきのポテトを振る装置。ポテトを入れる部分ひとつとっても、本気で作るなら板材を買ってきて寸法に合わせて切り、貼り合わせたり曲げたりして箱を作るのが正解だろう。でも雑に作る場合はそんなことはしない。「100均でほどよい大きさのフタつきの箱を買ってくる」が正解である。

このやり方なら一瞬で完成ずみの箱が手に入るが、デメリットとしては、その箱がどんな寸法であるか買い物に行くまでわからない。場合によっては四角い箱にほどよいものがなくて、丸い缶になることもある。そうするとそれに合わせて他の部分の寸法や、別の部品との取付方法が変わってくる。箱だけでなく、アームとなる棒も、クランクを作るための機械部品も、すべて「店にあったやつ」を組み合わせて作る。だから先に細かく設計することができないのだ。

だったら、店頭でどんな商品があるかを見ながら、頭の中で設計していった方が速い。

買い物に行くときのコツ

店頭では、「この板を土台に使ってここにモーターを置いて、ポテトを入れるのはこの箱、間にこの棒を入れて動力を伝えればできるな……」みたいな感じで装置の仕上がりをイメージしながら材料をどんどんカゴに入れていく。この方法で設計をするには、いくつかのポイントがある。

使う部品を持って行く

たとえばギヤボックスを使った装置を作るのであれば、家からギヤボックスを持って行くこと。そうすると寸法合わせにも役立つし、くっつけたい部品をどうやってくっつけるかなど、ディテールを想像しやすくなる。

定規やメジャーで測りながら考える

持って行けない部品がある場合はあらかじめサイズを測っておいて、それをもとに店頭で別の部品と合わせる。また購入する部品同士のサイズ合わせにも、定規やメジャーがあると便利だ。

要素にわけて考える

作る装置にもよるが、作品を構成する要素ってだいたい決まっているものだ。「土台」、「外装」、「動力（モーター）をつける台」、「動力を伝える部品（アーム)」、「動かしたい対称（ポテトを入れる箱)」、「動きを作るためのメカの部品」、「サポート部品（たとえば弱い部分を補強したり、不安定な構造を支える部品など）」……という感じ。それらを網羅できるように買い物カゴに入れていくと考慮漏れがなくなる。

カゴの中で実際に組み立てながら考える

とはいえ頭の中で考えるのには限界がある。そこでおすすめしたいのが、買い物カゴの中で実際に組み立てていく方法だ。もちろん材料の加工や接着はできないのでイメージトレーニングの範囲ではあるが、ざっくり組み立てて、可動部分を手で持って動かしてやるくらいの確認でも、かなりイメージが具体的になってくる。

固定の仕方も考える

こうやって必要な材料が見えてきたら、あとは材料同士をどうやって固定するかも一緒に考えていく。ネジで止めるのか、ガムテープで巻くのか、ホットボンドで固めちゃうのか。しっかり固定したいところと、可動するように組みたいところはしっかりわけて考えよう。

行きつけの店を作る

店の売り場は機能ごとに「園芸用品」「収納用品」などにわかれている。そのためたとえば棒材がほしいときは、それぞれの売り場にちらばっているいろんな用途の棒から最適なものを探し出すことになる。比較検討のため店中をさまようことになるので、品ぞろえや売り場の配置が把握できていると、買い物は圧倒的に速い。

自信がないところは代替部品も買う

「この部品でいけるかな……」ってちょっと不安なところもあると思う。そういうときは自信のない部品を2種類買っておけば、たいていどちらか使える。あまったほうはストック部品にしよう（工作していて家にどんどん物が増えていく原因はこれ）。

ハシゴするのもよい

僕の場合は、1回の買い出しで、ホームセンター→100均の順に回る。

まずホームセンター（1回目）で商品を見ながら頭の中でだいたいの設計をする。機能を実現するための動く部分を中心に考えて、買う。次に100均に行って、外装ケースや土台などの箱パーツをそろえる。買うものによって店をわけているのだ。家の近所にどんな店があるかによって、買い物コースを確立しよう。

最悪、3回くらい行く覚悟で

1回で複数店を回ったとしても、やっぱり完璧な買い物はむずかしい。なんだかんだ買い忘れがあったり、作っているうちに想定外は出てくるものだ。買い出しは最初から複数回行く覚悟でいたほうがいいだろう。

家に帰るとデカくなる

最後に、盲点になりがちな重要ポイントに触れる。たいていのものは店で見るより家で見たほうがデカいということだ。家より店のほうが広いからね。「このくらいかな」と思って買った箱が家に帰るとすごい存在感を発揮したりする。部品がデカいということは作品がデカくなるということで、後々の保管の問題にもかかわってくる。そういう意味でもサイズはしっかり測って買うことをおすすめしたい。

帰ったらすぐ作る

さて、この方式の最大の問題は、頭の中にしか設計図がないので、資料が残らないことだ。1週間も放っておくと忘れる可能性があるので、できるだけ早く制作に入ろう！

すぐ作るのマジ大事！
3日くらい置くと設計どころか買ったはずの部品見つからなくて、もう1回買いに行くとかよくあるよ。〔G〕

工作物を体に固定する方法

雑な取りつけで身体拡張をしていこう

ギャル電

ウェアラブルデバイスはかっこいい。でも、ちゃんとした製品は身に着けやすいように専用のケースに入っていたり、防水だったり耐衝撃になっていたりして、雑にまねをするには敷居が高すぎる。まあ、使うのが自分だけだったらすごくちゃんとしてなくても、とりま身に着けて立ち上がった瞬間に体からはずれなかったら全然オッケー！

ギャル電が作るウェアラブルものはだいたいケースに入ってないし、配線とかめっちゃ外に出てるけど、ポイントおさえとけばクラブで一晩遊ぶくらいだったらあんまり問題ないよ。このページでは雑な電子工作を雑に身に着けるときのポイントと取りつけテクニックを紹介するね。

電子工作を体にくっつけるための準備

雑な電子工作は不安定なので、角度を変えるだけで接触が不良になったり、重力に負けて動かなくなることがある。だからまず、体に取りつける前に電子工作部分だけを縦や横にしてみたり、逆さにしてちゃんと動くかどうかを確認するのをおすすめするよ。もし、「この向きで置かないと動かない」って場合も、身に着けるのあきらめなくて大丈夫。動く向きで体に取りつけたら問題ないじゃん。

体は曲がったり伸び縮みしたりする

板みたいな平らで安定したものに、電子工作部分を取りつけるのはやりやすい。だけど体は違うよね。あんまり平らじゃないし、接着剤とかセロテープで直接接着しづらいし、接着しちゃうと準備も後始末もめんどくさすぎ……何か体に取りつける部分を作って簡単に取りはずしができるようにすれば、超便利！

それに、電子工作したものはわりとデコボコしてたり角がある部品が多かったりするから、体に直接当たると痛いし、壊れやすい。体でも腕とか脚とか、よく動くところは思ってるより形が変わりやすいし、邪魔になりやすい。人間は汗もかくから、あんま肌に直接つけるのは避けたほうがいいよ。

部位でいえばギャル電的には、頭、首、手首、ウエスト、背中が取りつけやすいなって思う。

土台を作る

体に取りはずしできる仕組みと電子工作部分を組み合わせるには、まずは電子工作部分をなるべくまとめるようにしておくとやりやすい。だから、土台を作ろう。土台に貼りつけといたら、まとまるじゃん。

土台のベースはプラ板とか適当な木の板とか段ボールとかで、ある程度硬くて平らなやつだったらオッケー！　タッパーとか100均のケースを使うのもあり！　土台には、簡単に穴を開けたりホットボンドでくっつけたりをしやすそうな素材を選ぶと、後の作業がやりやすいよ。

体にくっつける方法

土台にまとめた電子工作を体にくっつけるための方法はいっぱいある。

既製品を材料にする

いちばん簡単なのは、帽子やアクセサリー、バッグ、ジャケットやベストとかの身に着ける既製品にくっつけちゃうこと。

服とかの既製品に土台をくっつけるとき、接着したり穴をあけたりは「もったいなくてできない」って人もいるかもしれない。ふだん使いと両立させようとすると改造はしづらいから、作品の材料として割り切って100均とかで手に入る安めのものを使うようにすると、電子工作を身に着ける難易度はグッと下がるよ。

材料につかいやすい既製品

体の部位ごとに紹介してみるね。

- 頭――帽子、サンバイザー、ヘルメット、ヘアバンド
- 顔――お面、メガネ、マスク
- 首――ネックレス、チョーカー
- 背中・お腹――リュック、ウエストポーチ、ベルト、上着、ベスト、Tシャツ、パーカーとかの洋服
- 腕――腕輪、腕時計
- 足――靴、サンダル

取りはずししやすい取りつけ方

安全ピン

小さくて軽めの作品だったら、バッジみたいに土台の裏に安全ピンを強めのテープでくっつけてピンでとめる方法が使えるよ。1個の安全ピンで支えられない場合は、ピンをたくさんつけたらオッケー！

大きさの割に重めのものを取りつける場合は、Tシャツみたいに柔らかくて伸びやすい素材につけると重さでたれてきて「なんか思ったのと違うな」って感じになっちゃうことがある。そういうときは安全ピンの位置を工夫してがんばるか、あきらめて他の方法にしたほうがいいよ。

安全ピン

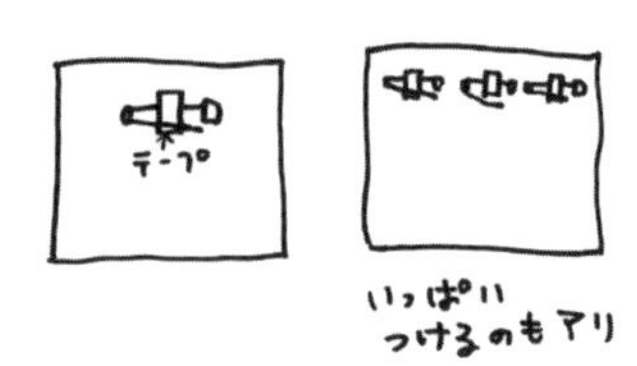

結束バンド

ひんぱんに取りはずししないなら、結束バンドはかなり使える！

電子工作部分をまとめた土台と取りつけたい場所にそれぞれ穴を開け、結束バンドを通してとめるだけで簡単に固定できるよ。穴を開けるとほつれやすい布とかに固定したい場合は、ホットボンドで穴のまわりを固めると穴が広がらないし、補強できる。

はずしたいときは、ニッパーやハサミで結束バンドを切ればオッケー。結束バンドは裏表があってギザギザの部分が表側になってないと固定できないから注意して！

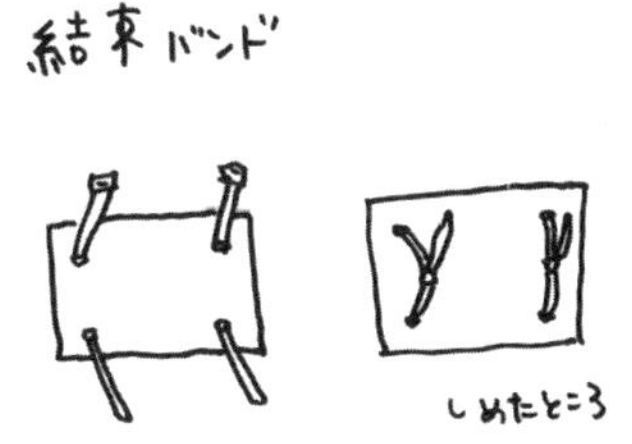

ベルト

体に取りつけるときにサイズを調整したい場合は、ベルトがおすすめ。

100均の手芸コーナーでも売っているDカン、アジャスター、ベルトテープがあれば、簡単に必要なサイズでベルトが作れるよ。Dカンの場合は2個、アジャスターの場合は1個をベルトテープに通してホットボンドか接着剤でとめるだけで、秒で完成！

Dカンは平らになっている部分、アジャスターは真ん中の棒の部分に、それぞれベルトテープを通すよ。土台は強いテープで上から貼りつけるか、ホットボンドで止めたらオッケー！

なんか長いものを体にくっつけたくて1本のベルトで安定しない場合は、安定するまでいっぱいベルトつけたらいんじゃね？

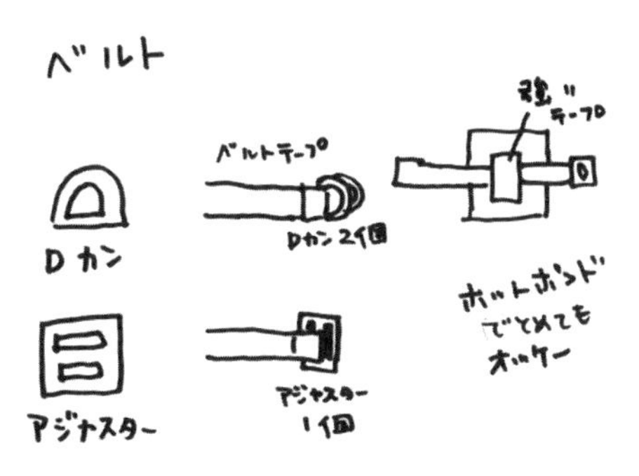

強力マジックテープ

体に面で貼りつけたい場合は、強力マジックテープが使える。

マジックテープは縫いつけるタイプ、アイロン接着できるタイプ、裏に強力両面テープがついているタイプがあるから、用途にあったタイプを選んでね。ギャル電的には、縫うのがいちばん強く固定できるって思うけど縫うの面倒くさいから、両面テープタイプが手軽でおすすめ。

マジックテープはよく製品とかに使われてる細いタイプのもののほかに、めっちゃ幅が広いタイプも売ってる。あんまり強く固定できるイメージがないかもしれないけど、幅が広くて強力なタイプはちょっと引くくらい、ホールド感があるよ。貼る面積を増せばけっこう重めのものも貼りつけられるんだけど、はずすときに全然はずれなくて勢いあまって電子工作部分が壊れたことがあるから、そこは注意が必要。

ホットボンド

帽子とかバッグとか、もう取りはずししないから「とにかくくっつけばいいかな」ってものにはホットボンドが手っ取り早い。布だったらだいたいがっちりくっつくよ。

ホットボンドでくっつけた部分は硬くなるから、伸び縮みしやすい素材に広い範囲でくっつけると使ってるうちにはがれてきちゃうことがある。あと、あんまり重いものを貼りつけるのも向いてない。ブレッドボードの重さや大きさくらいまでだったらけっこういけるくらいの、バイブス。

どうやったらいいかわからないときの調べ方

たとえば、海賊の船長のオウムみたいに肩にロボットを乗せたいとか、2メートルの棒状のものを扇みたいに背中からはやしたいみたいなむずかしい取りつけ方を考えるときには、いろいろなジャンルの身に着けるものを調べるとまねできそうな形や方法が見つかることがあるよ。

ギャル電が困ったときにチェックするのは、次のようなもの。

- コスプレ
- パリコレ
- 作業服
- スポーツやサバイバルゲームの防具
- 歴史上の服（ドレスやコルセット、甲冑、鎧兜）

日常生活の中ではあんまり情報がなくても、「人類の長い歴史の中で何かを取りつけられなかった体の部分なんかないんだ！」っていうくらい、取りつけ方法はある！！

取りつけたい体の部分や、なんとなくの取りつけ方法のイメージとジャンルのワードを足して画像検索すると情報を探しやすいよ。最初にあげた例で検索するなら、「コスプレ　肩　オウム」、「武士　背中　旗」みたいな感じ。

体に電子工作をつけるときに大事なこと

これでみんなはだいたい、雑に体に電子工作を取りつける方法がわかったと思う。だけど、まわりの人がまだあんまり電子工作を体に着けてはいないから、「自分のスタイルに取り入れづらいな」って人もいると思う。

でも、「家で電子工作をしても、なんかあんまり楽しくないな」とか、「もっと世の中に作品を見せたい」って思ってる人は、体に電子工作つけて1回外に出てみてほしい。めちゃめちゃ楽しいから。

新しいシーンを作るのはうちらじゃん！　最初はなんか「恥ずかしいな」とか「慣れないな」って思っても「うちらがいちばんイケてるし!!」ってマインドがあれば、「いいじゃん」って言ってくれる人もけっこういるよ。電子工作をつけてストリートにガンガン遊びに行こ!!!!

COLUMN

電子工作とわたし

ギャル電

ギャル電の活動をスタートしてから、「どうして電子工作を始めたんですか？」って100回くらい聞かれた。その時MAXの正直な気持ちでいつも答えてるけど、自分でもなんでだろうっていつも思ってる。強いて言うなら「自分的に自然な流れでそうなった」ってとこなんだけど、ギャルと電子工作をつなぐ自然な流れの説明って超難易度高くね？

何かを作る人のインタビューとかを読むと、同じような質問に「小さいころから何か物で作るのが好きだった」って答えていることが多いけど、自分は作ること自体はめんどくさいからそんなに好きじゃなくて、思いついたことが脳内だけじゃなくて現実に物とか行動でアウトプットされるのが好き派なんじゃないかなって思ってる。

脳内になんとなく存在するものを言葉で説明するのはめっちゃむずいし、わりと伝わんない。1回リアルな物とかにして見えるようにすると他の人にもわかってもらいやすい。だから、クオリティとかを無視すれば、とりま自分で作っちゃったほうがてっとり早いじゃん。ってなわけで、めんどくさがりだけど自分でできそうなDIYのありとあらゆる方法を試してみるのは好きだった。

わたしが電子工作を始めたのは、大人になってポールダンスを始めてステージ衣装を自分で作るようになったのがきっかけ。ダンスはあんまりうまくないから、せめて衣装はとにかく派手でかっこいいやつを作りたいなって思ううちに、電飾が自分で作れると便利だなって考えるようになったんだよね。

「電飾っつったら電子工作っしょ！」ってことで、誰かに教わろうと思ってポールダンス仲間とか、ポールダンサーが活躍するクラブイベント界隈でくわしい人を探してみたけど、当時は見つからなかった。クラブは暗くて光り物がめっちゃ映えて需要がめっちゃあるのに、買える電飾衣装は種類も少ないしなんかダサいし高いしすぐ壊れる。まだ供給が少ないから超ブルーオーシャンじゃん！　ポールダンスは動きが激しいから電飾のメンテ必須だし、演出の幅も広がるからとりま自分が電子工作を覚えたら他の人にも教えてあげられるからめっちゃいいじゃん!!　楽屋でポールダンサーがはんだごてで衣装修理してるの超サイバーパンクじゃん！　やるしかねー!!!

とはいえ、電子工作がまったく身近にないところから、電子工作を始めるのは気合がいる。「やるぞ！」って気合入れたのはいいんだけど、何していいかさっぱりわからないから、まずは電気に対するリスペクトがないとダメだって思って電気の歴史をインターネットで学んだ。

電気の歴史上にはマジいっぱい偉人とおもしろエピソードがある。ギャル電が好きなのは、避雷針を発明したベンジャミン・フランクリンの凧揚げ実験の話（フランクリンは実験してなかった説もある）。雷の中で凧揚げ（超危険!!）して、落雷で瓶に電気ためるとか、それどんなエクストリームスポーツだよ！「超ストリート派じゃん」と思って急に電気のことが好きになったよね。まあ、好きになっただけで今だにあんまくわしくないんだけどね。

電気へのリスペクトを持ちつつ電子工作入門書を読むんだけど、昔ながらの電子工作は回路とか電流の計算とかマジ意味不でむずかしいし心が折れちゃって、作例もあんまり自分が好きなものがなかった。ラッキーなことにわたしが電子工作をはじめた2014年にはArduinoがもう売ってたから、「めっちゃこれじゃん！」ってテンアゲ⤴になった。海外の作例も超ストリート電子工作でイケてるの多いし、まじでストリートカルチャーと電子工作がもっと仲良くなったら最高さしかない！　でも言葉でいくら熱く未来を語ってもあんま伝わんないから実際にやるしかない!!

長くなっちゃうからいろいろ端折って……日本独自で特異点みたいなギャルカルチャーと電子工作カルチャーを組み合わせたら、ワンチャンすげー流行る気がする!! ギャルに野生のDIYテクノロジーが流行ったら日本の未来超明るいし、電飾ギャル増殖したら渋谷センター街が物理的に超明るい！ っていう流れで、まあ、ギャル電子工作が日本に爆誕したってわけ。

みんなも、「なんか自分にぴったりくるものないなー」って思ったら、自分で作っちゃったらよくない？

5章

どんどん作るためのマインドセット

1つの技術で 10個の作品

インプットより圧倒的なアウトプットで見せていく

石川大樹

特に最初のうち、手持ちの技術が少ないときは、何かを作るたびに新しいことを覚えなければいけないと感じるだろう。何か作るたびに、調べて、勉強して……の繰り返し。

しかし、もっと楽して作品を作る方法がある。それは「できることだけで作れる作品のアイデアを考える」ことである。

私たちは技術を学ぶために作品を作っているのではなく、作品を作りたくて学んでいるのだ。技術は作るためのツールにすぎない。技術の奴隷になってはいけない！

サーボモーターだけでいくつの作品が作れるか

僕は今までたくさんの作品を作ってきたけど、実際のところ半分くらいはサーボモーターで作っている。

最初に作った作品は、ボタンを押すと醤油差しが傾いて、醤油をかけてくれるマシンだった（……というのは半分うそで、実際には「醤油かけすぎ機」という名前の、大量に醤油をかける嫌がらせマシンであった）。

それを皮切りに、サーボモーターを使った作品を数多く作った。

- すねに貼ったガムテープを勢いよくはがす「すね毛はがしマシン」
- スイッチを押すと竹刀を振り下ろす「おしおき装置」
- ボタンを押すと前方に飛んでいく「撃てるメガネ」
- 三三七拍子に合わせて風情なく鳴る風鈴
- 10秒おきに自動でノックされるシャープペン（書いているとどんどん芯が出てくる）
- ペダルを踏むとカメラのシャッターを押してくれる「フリーハンド撮影装置」（これだけは実用的！）
- リステリンをキャップにそそぐと自動で角砂糖が入って虫歯予防効果を台なしにする装置
- シャープペンの芯を叩き折る装置
- 置くとアームが動いてメガネに指紋をつけるメガネスタンド
- 肩を叩かれて振り向くと頬に指がささるいたずらを機械化したもの

もっとたくさんあると思うが、とりあえず10個あげてみた。今あげたのはほとんどサーボモーターとマイコンと、スイッチのような基本的な部品の組み合わせだけで作ったものだ。他の技術と組み合わせたものはさらにたくさんある。

こういった感じで、1つ技術を覚えるだけでたくさんの作品を作ることができる。「1つの技術で10個の作品」と聞いて「同じような作品ができるだけでは……」と心配した方も、上のラインナップを見た今、そうは思わないのではないだろうか。

同じ部品で作れるものを考える

では、どうやってアイデアを考えたらいいだろうか。アプローチとしては2つあると思う。

部品の特徴から考える

その部品で何ができるかを考えよう。サーボモーターであれば、「角度を変える」、「サーボアームでボタンを（物理的に）押す」あたりが出発点となる。

日常生活の中で傾けるものといえば……醤油差しはそうだ。風鈴も、短冊に風が当たって舌（釣鐘をたたく部分）が傾いたときに音が鳴る。僕みたいに冗談の作品を作るなら、それぞれ本来の用途とちょっとずらすとおもしろくなる。「醤油をかける」→「かけすぎる」、「風鈴は風流に鳴る」→「あえて風情なく鳴らす」。これでもう作品が2つできた。

ボタンを押すのは応用範囲が広そうだ。カメラのシャッターボタンがあるし、シャープペンのノックもボタン。ボタンを押すのと似た動きとしては肩を叩くというのもあって、そこまで行きつければ肩を叩くいたずらの装置も思いつけそうだ。

作りたかったものをその部品で実現できないか考える

逆のアプローチで、既存のアイデアを実装するときに無理やりその部品が使えないか考える、という手もある。リステリンに砂糖を入れる装置はもともと砂糖を適量出す方法が思いつかず寝かせていたネタだったが、角砂糖を入れた筒をサーボモーターで傾けることで砂糖を投入できた。

撃てるメガネもどうメガネを射出していいかわからなかったアイデアだったが、ためしにバネを仕込んだメガネをストッパーで押さえ、そのストッパーをサーボモーターではずしてみたらうまく発射することができた。

むずかしそうなことも、やってみると意外にできる場合がある（しかし同じくらいできないこともあって、そういうときはスパッとあきらめる）。

同じ部品を使い続けることのメリット

このやり方の最大のメリットは、高速に作品を作り続けられるという点である。勉強する時間や、動かなくて悩む時間が少なくてすむからだ。そうして雑にたくさん作った玉石混交の中から、そのうち名作が生まれると僕は考えている。

このやり方は一見、新たな技術の習得を放棄しているように見えるけど、実はそうではない。

人間、1つの部品を1回使ったくらいだと、すぐに使い方を忘れる。1つの技術を習得したつもりでも、次に使うときにはきれいさっぱり忘れていることも多い。でも、1つの技術をしつこく使い倒せば、より脳に定着する。同じ技術でたくさん作品を作ることで、いつの間にか反復学習しているのである。そのうち前回のコードや回路を流用しなくても脳内の知識だけで使えるようになって、さらに高速に作れるようになる。

また、同じ部品を使うといってもまったく同じ使い方ができるとは限らない。作るものによって、サーボモーターであればfor文で少しずつ角度を変化させてゆっくり動かすとか、トルクの強いサーボモーターに変えてみるとか、違う形のサーボアームを使ってみるとか、ちょっとずつ実装が変わってくるはずだ。「撃てるメガネ」の、サーボモーターで直接に運動を作るのではなく、ストッパーをはずすために使うことで強い力を作るというのも、そういったバリエーションの1つだ。こうやっていろんな使い方を必要に迫られて開拓することで、部品に対する熟練度が上がっていく。

また、さらに使い倒すと、毎回やっている作業の最適化のためのツールまで作るようになってくる。僕は自作のサーボテスターを作って、サーボモーターをここからここまで動かしたいときにプログラム上でどういう値を書けばいいか、というのを動かしながら試せるようにした。また3Dプリンターで自作の使いやすいサーボアームを作っている人も見かける。

こうすることで作品作りがどんどん楽になっていく。電子工作全般の達人になることはむずかしいが、ある特定の部品の達人になることは比較的簡単である。

1つの技術にハマっていくつも作品を作ることは私もよくやるけれど、新しい技術を覚えたとき、過去の技術のやり方をすっかり忘れてしまう。なので、「Notion」や「Scrapbox」といったウェブ上のメモ帳で習得した技術をメモするようにしている。回路図やコードなどをメモるのだ。〔F〕

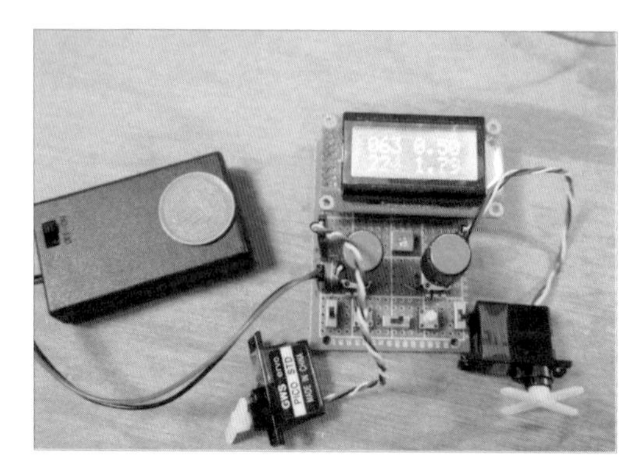

小型サーボモーターと自作の
サーボテスター

インプットしないと
アウトプットできないという信仰

世の中には「インプットしないとアウトプットできない」という信仰のようなものがある。たくさん本を読まないといい文章が書けないとか、たくさん音楽を聴かないとよい曲は作れないとか。技術も同じで、どんどん新しいことを覚えていかなければよい作品が作れないと考える人も多い。

それが真実である場面もあるけど、工作においてはそれがすべてではないと僕は思っている。新しい技術を覚えるのはいいことだけど、それ以上に手を動かしてアウトプットするのもいいことなのだ。特に私たちのような「雑に作る」一派には、どんどん手を動かして、技術は後からついてくるのを待つ、そんな作戦もあるのだ。

機能から考える作品の発想法

今までにない機能のマシンを考え出してみよう

石川大樹

作品を作るにはまず何を作るかのアイデアが必要。考えるときは「○○を××する装置」という感じで機能から考えていくと、この本で説明しているような雑なやり方にフィットするだろう。アイデアの内容は、ひねくれたもの、あるいはありふれたもの、どちらでもよくて、それぞれに違った作品の魅力が生まれるはずだ。

そういったアイデアの考え方、そしてそれぞれのアイデアのどういった点が作品の魅力（おもしろさ）につながるのか、ここではご案内していきたい。

ビジュアル志向と機能志向

周囲で作品作りをしている人を見渡すと、ビジュアル志向の人と機能志向の人がいるように思う。

前者の例では、たとえば知人の妄想工作所・乙幡啓子さんがいる。彼女も僕と同じような冗談の作品ばかり作っているけど、その作品はハトの形のハイヒール「ハトヒール」であったり、会津地方の赤べこを３本首にした「ケルベコス」であったり、ビジュアルのインパクトで笑わせる作品だ。

僕は後者の機能志向の方で、「遠隔で人のすね毛を抜く装置」とか、「鉄格子に味噌汁をかけ続け錆びさせる装置」（脱獄に使える。牢獄に持ちこむことができればだが）など、なんらかの機能を実装するために作品を作っている。

さて、この2つのどちらが雑に作ることとの相性がいいかというと……、後者だ。

アイデアは機能から考える

雑に作るというのは、言い換えると「見た目、耐久性、安定性などはとことん妥協して最短ルートで機能を実装する」ということだと思っている。そうすると、どうしても見た目は切り捨てることになる。ビジュアルの完成度が高いものは、それだけでどうしても手間暇かかってしまうからだ。

たとえば僕が、「江戸城の形のドジョウの水槽はどうだろう」と考えたとしよう。「江ドジョウ」というダジャレである。水槽内にドジョウの潜り込みそうなパイプを設置して、その正面に殿様の顔はめパネルを作っておくと、ドジョウが殿様になっておもしろいと思う。

おもしろいとは思うんだけど、そのビジュアルのインパクトってやっぱり江戸城の造形に左右されるところがある。江戸城が緻密であればあるほどドジョウとのギャップがおもしろくなるだろう。逆に、ダンボールに雑に書いた江戸城の絵が水槽のまわりに貼ってあるだけだと、やっぱりあんまりおもしろくない気がする。

そういうわけで、雑に作品を作ることを考えると、作品のコンセプトは見た目じゃなくて機能から考えていくのがいいと思う。「○○を××する装置」だ。

機能から考える発想パターン

僕の場合、機能からアイデアを発想するのにいくつかのパターンがある。

①やらなくていいことを自動化する
　例）鉄格子に味噌汁をかける装置
②現実にある装置の逆
　例）メガネをきれいにする装置（超音波洗浄機）→メガネに指紋をつける装置
③ありえない現象を作る
　例）スイッチを押すとメガネが発射される「撃てるメガネ」
④嫌がらせをする
　例）歯磨きチューブかワサビチューブのどちらかを歯ブラシにつける装置

こういった発想で作品を作ることを、僕は「冗談を言う」行為のちょっとパワーアップした版だと思っている。

メガネ屋さんで超音波洗浄機を使うときに「これ逆にめちゃくちゃ汚れたらおもしろいよね」と口で言えば、それはその場限りのただの冗談だ。しかし、電子工作で動くものとして実装してしまえば、それは冗談に物理的に形が与えられたことになる。本来はその場限りで消えてしまうはずの冗談の永続化とでもいうべきだろうか（耐久性がないのに永続化と表現するのはちょっと図々しい気もするが）。

石川作品「撃てるメガネ」。リモコンのスイッチを押すとバネのストッパーがはずれ、メガネが正面に飛んでいく。アーティスト明和電機さんの作品に同じコンセプトの「ガントバス」があり、ネタだけでなく発表日までかぶる（同一日）という奇跡が起きた

石川作品「歯磨きチューブかワサビチューブのどちらかを歯ブラシにつける装置」。ネットにつながっていて、その日の天気予報が晴れなら歯磨きに、雨ならワサビになる。寝ぼけていても天気がわかる装置

雑であることを逆手に取る

いっぽうで、逆の発想もある。こういうものだ。

⑤単に便利なものを雑に作る
　例）先端がローラーのように回転して麺類を口に送ってくれる箸
⑥ほしいものを雑に作る
　例）キーボードの上にのって仕事の邪魔をしてくる猫（あとで説明しよう）

①〜④がちょっとひねくれた方向性のものだったのに対して、⑤と⑥はずいぶん素直だ。ただし、単に実用品を作るということではない。雑であること自体をコンセプトに取り込むのだ。

⑤の例にあげた、先端が回転する箸。実際に作ってみたところ、回転する箸の中心軸がうまく取れておらず、箸先が暴れるため麺とスープをすごい勢いで飛び散らせる、最悪の箸になった。

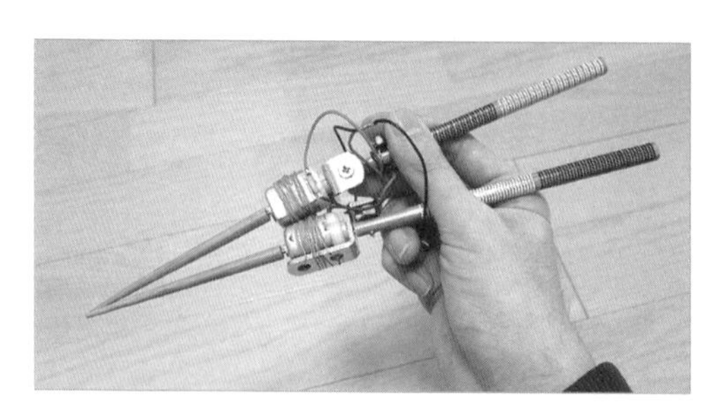

石川作品
「自動でラーメンをすすれる箸」

⑥のキーボードの上にのってくる猫は、猫を飼っている人がよく「猫が仕事の邪魔をしてくるよ〜」みたいな写真をSNSにアップしているのを見て、僕もやってみたくて作ったものだ。市販の歩く猫のおもちゃを改造して、キーボードの上にくると色に反応して寝るようにした。が、実際にはキーボードの上で突然猫が倒れるため、「キーボードの上で突然死するネコ」になってしまった。

2つとも僕が編集を務める読み物サイト「デイリーポータルZ」で記事として発表したが、そこそこウケた作品だ。

どっちも一応ちゃんと実装したつもりが、雑に作ったがために予想外の動きをして、そのギャップがおもしろさを生んでいる。雑であることを逆手に取っているといってもよい。逆にうまく実装できてしまうと、かえっておもしろい結果にならなかったかもしれない。

石川作品「キーボードの上にのって仕事の邪魔をしてくる猫」→「キーボードの上で突然死するネコ」

うまくいかないことのおもしろさ

スウェーデンの女性発明家にシモーン・イェッツさんという方がいて、彼女が一躍有名になったのが、朝食を食べさせてくれるマシンの動画だった。ロボットアームがシリアルの箱を開けてボウルにシリアルを移し（実際にはテーブルに巻き散らかし）、次に牛乳をボウルにそそぎ（実際にはシモーンさんの腕とテーブルに盛大にこぼし）、最後にスプーンですくって食べさせてくれる（実際にはスプーンは空振りし、空のスプーンを差し出す）というものだった。その動画はYouTubeで300万回近く再生されている。雑に作ることで世界中にノンバーバルな笑いを提供した例である。

また、うまくいかないといえば、僕が主催しているイベントである「技術力の低い人限定ロボコン」（通称：ヘボコン、287ページ）も似たテイストである。ロボットを作る技術も才能もない人たちが集まり、それぞれおもちゃを組み合わせたりして作ってきた「自称：ロボット」を戦わせる大会。たいていのロボットはうまく動かないのだが、その動かなさがよちよち歩きをする赤ちゃんのようで愛おしかったり、またコントのようでおもしろかったりするのだ。この「うまく動かないこと」がおもしろいという価値観が共有され、2014年以来ヘボコンは世界中で開催されている。

どうやら、雑に作ってうまく動かないというのは、わりと普遍的な魅力であるようなのだ。

ビジュアルで攻める雑工作もある

というわけで機能指向の発想法をいくつか紹介したのだけど、ビジュアル指向の作品が絶対に作れないかというと、実はそんなこともない。この本の共著者であるギャル電は、ピカピカ光るビジュアル志向の作品を作り続けている。

それというのも、「光る」、「点滅する」、「（光の）色が変わる」は、ビジュアルもの工作における飛び道具みたいなものだ。目立つし映えるし実装もそんなにむずかしくない、まさに雑な工作にうってつけの要素と言える。さっき僕が書いた「ビジュアルの完成度が高いものは、それだけでどうしても手間暇かかってしまう」という理屈を完全に覆してしまう反則技みたいなものだ。

ビジュアル的に目立つ作品を作ってみたい方は、ぜひギャル電の作品を参考にしてみてほしい。

なにかにとりあえずLEDテープと電源を貼りつければ、秒で「光る○○」「ゲーミング○○」が爆誕するよ!!　あと、光るアクセサリーはふだん使いすると、薄暗い場所とかでふつうに役に立つ。〔G〕

インスピレーションを得るための気分転換

行き詰まったとき、乗り越えるには気分転換が必要だ

藤原麻里菜

工作をしているときや作る物のアイデアを考えているとき、行き詰まってしまうことは多々あると思う。そんなときに、どんな風に乗り切ればいいんだろうか。気分転換をする方法にもたくさんの種類がある。

ここでは、著者のみんなから集めた気分転換の方法、インスピレーションを得る方法についてまとめていきたいと思う。風呂に入る、散歩をするといったベタなものから100円ショップに行ったり昔のブログを読むなど、たくさんのアイデアが集まった。「なんでこれで気分転換できるの？」というものも多いが、ぜひ参考にしてみてほしい。

気分転換をする方法

お風呂に入る

これはベタだけど、一番効果がある気がする。私は、何かに悩んだときはいつもお風呂に入っていた。一日5回くらい入るときもある。重要なのは心を無にすることができるかどうかだ。心を無にすることができるようになったら、新しいアイデアというのは湧いて

きやすい。だから、YouTubeを見たりラジオを聴いたりせずに、無の境地に至ろう。

散歩をする

これもみんなよくやるやつだと思う。これもお風呂と一緒で、心を無にすることができるから、どんどん頭の中でアイデアが湧いてくる。また、景色が移り変わることによって、アイデアの種に出会いやすい。あ、カレー屋さんがある。カレー……カレーを食べさせてくれるマシーンなんてどうだろう。とかね。ランダムな景色を見ることで頭の中がフル回転してくれる。

甘い飲み物を飲む

これは石川さんが投稿してくれた案だ。工作をして行き詰まったときは、甘い飲み物でも飲んで、一息ついたほうがいい。これも、心を無にするために必要なことかもしれない。

インスピレーションを得る方法

100円ショップなどに行く

100円ショップやハンズ、ホームセンターなどに行くとインスピレーションが湧いてくる。「この素材を使って新しい作品が作れるかも！」とか、考えることができるのだ。

過去の自分の作品を見返す

過去の自分の作品を見返すこともインスピレーションの元になる。同じ機構で違うマシーンを作ろうかなと考えたり、このアイデアの考え方で別の作品を考えられそうって、思いついたりすることができる。そのためにも、InstagramやTwitter（現「X」）などに自分の作品をアーカイブしておくといいかもしれない。

過去の自分のアイデア帳を見返す

私がよくやる方法なんだけれど、アイデアを書いた紙をダンボール箱に保存しておいて、定期的に見返すようにしている。その時はなんとなくフィーリングが合わなくて作らなかったものも、今ならピッタリとはまって作ることができるかもしれない。それに、そこにあるアイデアから新しいアイデアが思いついたりもしやすい。

戦国武将の鎧の解説ページを見る

これはギャル電さんのインスピレーションを得る方法。ウェアラブルデバイスを作るときに、どうやって体にくっつけるかのアイデアがたくさん載っているらしい。

使ってない部品を探してみる

これは石川さんの方法。私もよくやるんだけど、家に眠っている使っていないパーツを探し出して、このパーツを使ってなにか新しいものが作れないかなあと考えると自然とアイデアが浮かんでくる。

買った覚えすらないような部品がけっこう出てきて、
アイデア出しをぬきにしても、単純におもしろい！〔I〕

インスピレーションはすぐそばに

散歩をして街を眺めたり、100円ショップに行って商品を吟味したり、過去の作品を見返してみたりと、いろんな方法でインスピレーションを得ることができる。共通するのは、ランダム性だと思う。決まったものではなくて、ランダムにお題が出てくる状況を作り出すことで、はっとするアイデアに辿り着きやすくなる。

思いついたら すぐ作る

「鉄は熱いうちに打て」の鉄則は 作品作りにも通じる

石川大樹

アイデアを思いついたらすぐ作り始めよう。アイデアは寝かせると輝きを失っていくものだし、それに比例して作るテンションも下がっていく。

ただ、そうは言っても仕事が忙しかったり、他にやることがあったりして制作に十分な時間を割けないことも多いだろう。そういうときでも、ひとまず着手することが大事だ。全部一気に作りあげる必要はない。いつでも再開できる、進行中プロジェクトを増やすのだ。

ちょっとだけ手をつけておく

僕は本業でウェブメディアの編集者をやっているが、作品制作と記事の執筆には重なるところが多いと感じている。どちらもないもの（作品／原稿）を作りあげる作業だからだ。

新人のライターさんを育成するときによく言うのは、取材をしたらすぐ書き始めてほしいということだ。自分が取材をしたときも、帰りの電車の中で書き始めるくらいのつもりでいる。書き始めるといっても、いきなり本文をゴリゴリ書いていくわけではない。何を書くかのメモを箇条書きでまとめるのだ。

ひどく生き急いでいるような行動だが単にせっかちなわけではなくて、これには実作業上、明らかなメリットがある。ちょっとでも作業に手をつけておくことによって、次にとりかかるときに「新しい仕事を始める」ではなく、「中断していた作業を再開する」モードで動けるからだ。

この2つは似ているようで、取りかかるときの心理的ハードルが全然違う。「よし、始めるぞ！」ではなく、「つづきやるか〜」のほうが明らかに気が楽なのだ。

実はこの本の原稿も、企画が決まった早い段階で書きたいことだけ箇条書きにしたメモを作っておいて、そこから「つづきやるか〜」のテンションで書いている。おかげで気楽なものだ。

忘れちゃう未来を忘れるな

作品作りも同じだ。あるアイデアについてテンションが最も高まっているのは思いついた瞬間なので、そのテンションが冷める前、できるだけ早いタイミングで着手してしまおう。着手の内容はなんだっていい。材料を注文するのでもいいし、家にある材料で一番作りたいところだけ作ってしまうのでもいいし、流用できそうなサンプルコードを探して寄せ集めておくだけでもいい。とにかく手をつけて、次に「つづきやるか〜」から始められるようにするのだ。

また、作品作りの場合は、原稿書きよりもっと強い推進力を生みだしてくれるかもしれない。物理的に作品の一部（注文した材料とか、作りたいところだけ作った作品の一部とか）が部屋に残ることになるので、作業のつづきをしないと部屋が片づかないという状況が生まれるのだ。このことも、じゃあさっさと片づけちゃおうという感じで制作のつづきに気分を仕向けてくれる。

逆に、すぐに着手しないと……制作の腰が重くなるし、そうしてしばらく寝かせている間に……思いついたアイデアは、意外と忘れる。僕もアイデア帳に書き残したものの、「この『ダンゴムシ工場』ってなんだっけ？」という感じで思い出せないアイデアがたくさんある。

忘れる前に、テンションが高いうちに着手する。これが作品完成への第一歩だ。

私のやっている「無駄づくり」も、思いついたら即材料を注文している。工作に慣れてきたらマイコンボードやサーボモーターなどの予備在庫を作業場に置いておいて、思いついたらすぐに作れる環境を作るのもよい!〔F〕

COLUMN

電子工作と僕

石川大樹

この本を読み進めてくれたみなさんはお気づきだと思うけど、僕の（というか共著者3人とも）作っている作品は役に立たないものばかりだ。それを自覚したうえであえて言いたいのだけど、電子工作の面白さって、役に立つところにあると思う。

たとえば修理。以前、子供の防犯ブザーが壊れたとき、ケースを開けてみたらスピーカーのはんだ付けが一ヶ所はがれていて、はんだごてですぐに修理することができた。

僕は電子工学を体系的に学んでいないので、技術スキル的にはできることは限られる。しかし雑に電子工作しまくったおかげで「機械いじりに抵抗がない」というメンタル面の特性は持っていて、これだけでもけっこう役立つ。つい先日は自宅でリモート会議をするときに使うウェブカムの映像が真っ黒になってしまったのだけど、ばらして組みなおしたら直った。どこかの接触が悪かったのかな……くらいしかわからないけど、これだって機械を怖がっていたら直せなかっただろう。

また、ちょっとした改造だってできる。乾電池で動くおもちゃをACアダプターで動かせるようにしたり、音のうるさいおもちゃにボリュームツマミをつけたこともある。うちの熱帯魚用水槽のライトは1日の点灯時間が3時間、6時間、12時間しか選べなかったので、改造して8時間点灯ができるようにした。

このように、電子工作をやっていると便利なことがいろいろある。あるんだけど、「だから電子工作をやるといいですよ！」という話をしたいわけじゃない。実はこの話は前フリだ。

ここで僕が本当に言いたいのは、「実用的な趣味だからこそ、実用的じゃないことをする面白さがある」ということだ。

人は、役立つスキルがあるとそれを有効に使うことを考えがち。なんたって他人に僕の作品を見せたときに聞かれる質問ナンバーワンは、「これは何の役に立つんですか？」だ。でもそこであえて役に立たないもの、あるいはむしろマイナスの効果しかないものを作ることによって、もともとの実用性とのギャップが生まれて面白くなる。

電子工作はもともとが実用的であるおかげで、ウケる作品のアイデアを考えるのも簡単だ。便利なことの逆を考えればいいからだ。ぐるっと180度回すだけで、面白いアイデアができる。面白いマンガを描きたいとか、面白いゲームを作りたいとかいう場合はそう簡単にはいかないと思う。元が実用的だからこその簡単さなのだ。

さらに面白いことに、こうやってふざけるスキルと実用のスキルが、同時に伸びていくのが電子工作でもある。僕はほんとにふざけた作品しか作っていないにもかかわらず、いつの間にか小物を修理したり日用品を改造したりできるようになっていた。また職業エンジニアの人や工学系の学生さんが急にめちゃくちゃ笑える作品を作り始めることもよくある。どっちをやっても、技術力は共通だからだ。

この表裏一体感が、電子工作の面白いところだなーと思っている。

だからみんなも、どんどん雑に作っていこう。くだらないものばっかり作っていても、そのおかげでウェブカム買い替え費用3,000円が浮く時がそのうち来るから。

6章

完成・発表までは勢いで突き進む

発表まで
セットで考えるものづくり

SNSにアップすると
世界はぐんと広がる

藤原麻里菜

物を作ると満足する。達成感や、頭の中にあったものが目の前にある充足感でいっぱいになる。でも、この作品、自分だけ楽しむんじゃなくて、誰かに見てほしくない？　そんなときはSNSを使って発表してみよう。

Twitter（現「X」）やInstagram、YouTube、ブログ、TikTokなどのSNSを使って発表することで、たくさんの人に見てもらえるチャンスになる。また、作っている工程や苦労したところをシェアすると、同じようなことにチャレンジしようとしている人の手助けにもなるかもしれない。また、作品アーカイブの役割も果たしてくれる。物を作ったら、SNSに発表。これをセットに考えてみよう。もちろん、恥ずかしかったり、1人で楽しむのが好きな人は無理にやらなくてもいいと思うよ。

動画を撮ろう

動くものを作ったときは、動画を撮るのが一番伝わりやすい。写真のほうが簡単だけれど、動きがわかる動画の方がよい。動画の編集はなかなかむずかしいと思うが、今はスマホのアプリでも編集できるので、気になった方はアプリを検索してみるといいかもしれない。

編集ソフト

私はAdobeのサブスクに入っているので、「Adobe Premiere Pro」というソフトをパソコンで使っている。操作方法は最初はむずかしいかもしれないが、慣れてくるとテロップを入れたり、BGMを入れたりする作業が楽しくなってくるだろう。

私が編集のときに気をつけていることは、余計な情報を入れないこと！なるべく完結に。短く動画を編集するようにしている。削れるところは削る。それがこだわりだ。そうすることで、余白ができ、見る人に感想を委ねることができる。

動画の撮り方

動画の撮り方もいろいろとコツがある。

まずは、机をなるべく片付けるところから始めよう。背景にごちゃごちゃと物が散乱していたら、見る人はそっちに注意がいってしまって、肝心な作品がおろそかになってしまう。なので、お片付けから始めよう。

スマホしか持っていない人はスマホで撮影するのがいい。ただ、手ぶれが気になるので、スマホ用の三脚を購入するのもいいかもしれない。私は、一眼レフと三脚を使って定点で撮るようにしているが、最初からそこまでお金がかけられないと思うので、まずはスマホで大丈夫。

表情の作り方

ウェアラブルデバイスを作ったり、自分が映り込む動画を撮りたい人もいるかもしれない。私もだいたいの動画は私が映り込んでいる。

私がオススメしたいのは、表情はなるべく硬く、笑わないということだ。ふざけたマシーンを作っているのに、その本人がへらへらしていたら、マシーンのふざけ度が薄れてしまう。変なものを作ったら、とにかく笑わない。真剣な表情で動画に映ろう。

SNSにアップしよう

SNSにアップするときは、特にTwitterに投稿するのをおすすめしたい。というのも、電子工作や工作をする界隈は、Twitterに多いし、Instagramはなんだかオシャレな感じで撮影しないといけない気がしてしまうし、TikTokは若者たちであふれかえっているし、YouTubeはアルゴリズムなどを工夫しないと見てもらえないからだ。

投稿文を工夫しよう

私も短い動画を作ってTwitterに投稿することが多い。そんなときに必要なのが「投稿文」だ。なくても投稿できるんだけど、あったほうが動画のキャプションにもなるから工夫して、考えてみよう。

まずは、なんでそのマシーンを作ったかを完結に説明できるといいかもしれない。たとえば私のこの投稿を見てほしい。

「友達がいなくてもパピコが食べられるマウントを開発しました」という一文なのだが、「友達がいなくてもパピコが食べたい」という欲求からこのマウントを作ったことがわかる。そして、完結にするために、作品名を吸収させちゃうのも手だ。「ロンリーパピコ」といった作品名をつけ

るよりかは、「友達がいなくてもパピコが食べられるマウント」という作品名をつけたほうが見ている人には伝わりやすい。

こんな風に「無表情がコンプレックスなので」と完結に理由を説明すると、見る人も「だから作ったのね」と納得してくれる。この納得がけっこう大事だ。理由が破綻していたとしても、無理矢理納得させることで、動画を見てくれる人が多くなる。

これも理由が破綻しているけれど、「そうなのね」と納得できるような理由を完結に述べている。さらに「トートバッグからずり落ちるストレスから開放される」といった、工作のメリットにも触れるといいかもしれない。

シンプル&簡潔に

とにかく重要視したいことは、シンプルさと簡潔さだ。これを胸に刻めば、それっぽい動画を作って、SNSに投稿することができる。

また、怖いのが炎上というやつである。なので、アイデアの段階で「これは人を傷つけてないかな」、「危ない方法で作ってないかな」といったチェックが必要だ。ちょっとめんどうかもしれないし、自由に作れないけれど、SNSにアップするときはそこを気をつけてみよう。

SNSをやることで、工作好きの人とつながれる可能性も高くなる。また、私がみんなにSNSにアップして欲しい理由の1つとしては、雑工作で世界を埋めつくしたいからでもある。作ることを謳歌して、雑でも楽しくものづくりをする姿をたくさんの人に見てもらって、工作はきっちり作らなきゃいけないというステレオタイプを変えてほしいのだ。

ゴールは「うまく動いている動画」

作品の耐久性や安全性をあきらめるのも制作の裏技だ

石川大樹

作品発表の場はいろいろ考えられるが、僕は第一にインターネットを考えることをおすすめしたい。SNSでもYouTubeでもブログでもかまわない。とにかく大事なのは、非同期であることだ。つまり、相手が見ているそのときに、作品が動かなくてもいいということ。

これを前提に考えると、制作において耐久性や安定性を一切、気にする必要がなくなる。「動画を撮っているあいだの15分間だけ、ちゃんと動けばいい」、「動画を5回撮り直すうちの1回だけ、ちゃんと動けばいい」というぐあいだ。

ゴールを「うまく動いている動画が撮れる」に設定する

作品を長く安定して動かすためには、考えなければいけないことがたくさんある。まず丈夫な部品を使って、ぐらぐらしない方法で組み立てなければならない。回路は長時間動作させても極端に熱くなったりしてはいけないし、モーターも家にあった適当なモーターではなく、トルクに余裕のあるものを使わなければいけない。

しかし、そういうことを一切考えずに作品制作をする裏技がある。「割り切る」ことだ。

ターゲットを動画撮影に割り切ることで、いろいろなしがらみから解放される。僕はずっとウェブメディアの記事で紹介するために作品を作ってきたので、このスタンスは僕の制作スタイルの根幹にあるといってもいい。本書のテーマである「雑に作る」はこれによって培われてきたといっても過言ではない。

15分くらいであれば、耐久性皆無の「かろうじて組みあがっている」くらいの作品でもなんとか動かすことができる。パーツの接着をすべてホットボンドでやったとしても、そのくらいの時間はもつだろう。

また、精度の面でも動画が前提であれば低くて大丈夫だ。たとえばオムライスにケチャップでハートを書くマシンを作ったとしよう。動作精度が低いので10回中9回はハートというより初心者マークになってしまう……といった場合でも、動画なら何度でも調整しつつ撮り直しができる（その都度、オムライスを作り直す必要はあるが）。対面でのデモンストレーションでは、そうはいかないだろう。

決してフェイクではない

もしあなたが真面目な人であった場合、もしかしたらこう思うかもしれない。「そんな状態の作品を、あたかも動いているかのように発表するのはズルではないか？」と。

これについては、胸を張って発表して問題ないと思っている。少なくとも、動画を撮影している時点ではちゃんと動いているのだ。画像加工やトリックを使って撮影したフェイクビデオとは違う。

それでももしあなたが、たまたま1回だけ動いた装置をあたかも立派な作品であるかのように発表するのは気が引ける、と考える場合は、こうするとよい。

SNSに動画を貼るとき、「（10回撮り直してやっと成功しました😛）」と書き添えてはどうだろうか。問題は質の低い作品を発表することではなく、質が高いと嘘をつくことにある。だから、質の低さを自己申告してしまえばいいだけの話だ。

もっと言えば、そういった書き添えはむしろチャーミングだったりする。SNSに全部ホットボンドで接着された二足歩行ロボットの動画が貼ってあって、「この5秒後にバラバラになりました」と書き添えてあったら僕ならウケる。それどころか、「バラバラになるところこそアップしてくれよ」と思うだろう。雑であることは、見せ方によっては魅力でもあるのだ。

ツッコミどころがあるスキのある作品はとてもおもしろい。雑に作られた物にはそれにしか持てない愛嬌みたいなものがある。しかし、「雑に作ろう!」とクオリティを低くするのではなく、あくまで「技術がないなりにベストをつくそう」という姿勢がおもしろさや愛らしさを呼ぶし、技術力の向上にもつながると思っている。〔F〕

その先がある

さて、さきほどゴールを動画に設定すると書いたが、このゴールはしばしば、最終ゴールではなくなる。

「このあいだInstagramに載せてた、あの作品見せてよ」と言われて、外に持ち出して人に見てもらう機会があるかもしれない。さらにその先に、Maker Faireなどのイベントで展示するという展開も見すえていきたい。

15分の動作をゴールに作った作品は、持ち運ぶだけでバラバラになってしまうかもしれない。さてどうしたものか。そんな作品を、運搬に耐え、せめてまる1日くらいはもつように作りかえるポイントは、274ページから紹介する。

スケジュールを立ててとりあえず完成

ものづくりでは
タスク管理も意外に大事

藤原麻里菜

作るものを完成させるのは、なかなかむずかしい。でも、完成しないと始まらない。何が始まらないって？　私もよくわからないけどさ、とにかく完成させることがものづくりにおいては重要なんだ。雑でも大雑把でもいいから完成させよう。ここでは、1つのものづくりをとりあえず終えるコツについて書いていきたいと思う。

スケジュールを決めよう

雑な人はスケジュールを決めるのが苦手だと思う。でも、ものづくりをゴールに向かわせるためには、とりあえずスケジュールを決めておいたほうがいい。

私の場合は、初心者のときは1週間で作るようにスケジュールを設定していた。1日で回路を作って、もう1日でプログラムを書いて、残った時間は工作に使う。そんなスケジュールだ。今はだいたい1～2日で終える工作しか作らないようにしている。「1週間もかけて雑な工作を作ってられるか！」というマインドで工作に挑んでいるからだ。当然、1日で作り終わる工作は、かなり雑な仕上がりだ。でも、新しい技術を学んだり、頭の中にあるものをとりあえず形にすることで達成感があるし、学びもある。

電子工作の電子部分はインターネットを見たり、知見のある人に聞いたりして、ある程度すんなりいくんだけど、工作部分は自分との戦いになる。たとえば、手が回転するマシーンを作りたいとき、回転する部分はうまくいくけれど、そこに手をつける部分に苦戦してしまう。どこにもノウハウが落ちていないから、自分でなんとかするしかないのだ。

スケジュールを決めておくと、お尻が叩かれる。ということは、ひらめきが生まれやすくなる。「手の部分を結束バンドで止めればいいんだ！」とか、「ガムテープでぐるぐる巻きにしてやろう！」とか。

カレンダーに予定を入れる

頭の中でスケジュールを考えているだけでは、私たち大雑把人間はすぐに締切を先延ばしにしてしまう。なので、仕事と同じようにカレンダーに予定を入れておこう。今日はここまで終わらせる。次にこれをやる。といったタスク管理も必要だ。趣味の工作くらいゆるくやらせてよと思うかもしれないが、物を完成させるためには、このような涙ぐましい努力が必要なのだ。

頭の中で考えていてもしょうがない

この工作部分というのは、想像力と実行力が試される。電子部分は、知識が試されるのに対して、工作部分は脳の違う部分を使っている。想像し、実行する。このサイクルをなるべく早く行う。それが、工作の醍醐味でもある。そして、実行というのがとにかく大切だ。頭の中で考えていてもしょうがない。とにかくやってみること！

手を動かすことで、アイデアが浮かんでくる。小さな失敗を重ねることで、成功が近くなる。頭の中で考えて、それを実行することを繰り返すことで、完成に近づいていくのだ。そのためにも、締切というのは重要で、締切があるから脳がフル回転する。

リカバーできるように工夫する

でも、部品に穴を開けてみたり、瞬間接着剤で固定したりと試したもののそれが失敗に終わってしまったらどうだろう。失敗して台無しになるのは怖いから、リカバーできるように工夫をすることも大切だ。まずは、穴を開けずに接着する方法を探すことから始まる。

また、失敗してその部品が使えなくなってしまっても、代わりがすぐに手に入るように安くてその辺で売っている部品を使うことも大切である。例えば、100円ショップやAmazonなどで安価に販売されているものを使うなど。これが、二駅離れたホームセンターでしか手に入らない物だったりすると、また行くのがダルくなってしまうし、工作の気力が薄れてしまうので、オススメできない。最近では100円ショップに木などいろんな材料が売っているから、それを使うのも1つの手だろう。または、多めに買っておくというのも大切だ。失敗を見越して、パーツを多めに調達しておくと、心にゆとりができて、雑に工作をすることができる。躊躇なく、穴を開けることができる。

アイデアがつきたらとりあえず完成させる

納得がいっていなくても、とりあえず締め切りまでには完成とさせる。そうすることで、自分の中のハードルがどんどん下がっていく。私たちは、商業的な製品を作りたいわけじゃない。とにかく雑でもいいから工作を楽しみたいだけなのだ。だから、自分の中でのハードルを下げ、完成まで持っていくことが大切だ。

ここで、注意したいのは、「この部分をもっとこうしたらよくなるのでは？」というアイデアが締切直前に出てきたときだ。そういうときは、躊躇なく締切を延ばそう。アイデアがつき、これで完成でいいや、となったときが、雑工作の完成系である。雑な工作ができあがったら、次の雑工作へ進むことができる。

「これで完成でいいや」精神めちゃめちゃ大事。すごいわかります！〔I〕

MIND SET

「そのうちやろう」問題に立ち向かう

「締切駆動」で作れば制作に必要な焦りが出てくる

石川大樹

作品を作りあげるのはむずかしい。「アイデアが浮かばない」とか「技術的に実現が困難」とか制作の各段階にハードルがあるけど、そういった問題をすべて取り除いたうえでもなお残る、根源的な問題が1つある。それが「そのうちやろう」問題である。

作品のアイデアがない状態では「そのうち思いついたらやろう」と考えがちだ。とても魅力的なアイデアを思いついて、「今すぐ作るぞ!!」と高揚したケースでさえ、忙しくて3日ほど材料の買い出しに行けない日々が続くと気分が萎えて「そのうちやるか……」からの半年放置、ということは往々にしてある。

しかしたいていの場合、腰が重いのは最初だけだ。手を動かし始めると楽しくなってサクサク進むことが多い。ではどうやって腰を上げるか。これに対する唯一かつ最強の特効薬が、締切である。

さらに、その締切の効果は作品を完成に導いてくれるだけではない。締切ギリギリに急いで作業することによって、作品の本質的な部分に集中した最低限の制作をすることができる。これが「雑に作る」の核心でもあるのだ。

締切のメカニズム

まずは、締切が作品を完成に導いてくれる、その原理を説明しよう。まずはこのグラフを見てほしい。

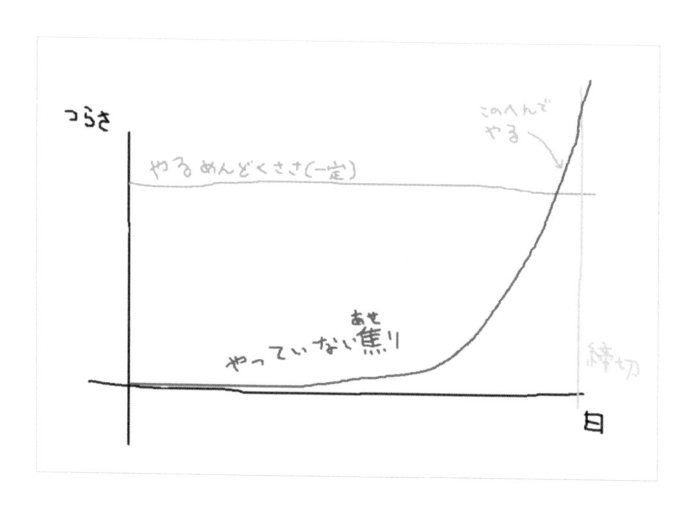

グラフの横軸は時間経過、縦軸は制作者（僕や、そしてあなただ！）の精神状態を表している。

締切があると、人間には焦りの感情が生まれてくる。締切に近づくにつれてその焦りがどんどん高まっていき、ある段階で焦燥感が面倒くささを上回る。こうなると、一日中ずっと「そろそろやらなきゃ……」という感じで締切のことが頭から離れなくなる。やるよりやらないほうがつらい、という状況が生まれるのだ。

ここでいよいよ制作に取りかかろう。すると、「いま手を動かしている」という事実により、スッと焦りが消える。作品制作をしている間は締切の恐怖から逃れられる。やらないよりやる方が精神的に楽、という状況が生まれるのだ。ゆえにどんどん制作が進むという具合である。

締切駆動制作

締切に追われる制作体制のことを「締切駆動制作」と呼ぼう。実はこの締切駆動制作は、雑に作ることととても相性がよい。立派な作品を作るためには締切直前に焦っても手遅れだが、雑に作るのであればギリギリ3日前に取りかかっても間に合う。

僕は読み物サイト「デイリーポータルZ」の編集を本業としているが、過去には月に2本の記事執筆の締切を抱えていたこともある。そのときの制作サイクルはだいたいこんな感じだ。

- 締切14〜7日前まで：何もしない
- 締切7〜4日間：何もしない。だんだん「そろそろやらないと」という気持ちが高まってくるのを感じる。アイデアがもし浮かんだらメモ帳に書いておく
- 締切3日前：アイデアが固まっていても、まだ動くのは早い。静観。ただしまだアイデアがなければ、焦りのスイッチが入る。外を散歩したり、ホームセンターをうろついたり、自分のSNSを見返したりしてアイデアを考える
- 締切2日前：午前に焦りがマックスになり開店直後のホームセンターに駆け込む。2時間ほどどう作るか考えながら買い物。時間がないのでお昼は抜き
- 締切2日前：午後に制作に入る。夕方までの3時間ほどで完成の予定。実際は2時間やってこのやり方ではダメだとわかり、再度買い出しに行き、予想の3倍の時間をかけて深夜3時まで作る
- 締切前日：完成していれば動画を撮って原稿執筆。完成していなければ再度、深夜3時まで制作……
- 締切翌日：なぜかまだ原稿を書いている場合もある

締切ギリギリに制作することのメリットとしては、不要なこだわりを捨てて作品の本質的な部分に集中できる点があげられる。見た目をきれいに作ろうとか、耐久性を高めようとか、そういった雑念をすべて捨て

られるのだ。

また、とにかく焦っているため技術の獲得も最速で行える。ネットに落ちている回路図やコードをそのまま流用して、とりあえず動く状態まで持っていく。中味を理解することはいったん置いておく。

もちろん、体系的な知識を得るという観点からは最悪の状態である。しかし、特に初心者にとって、（A）勉強して一通り理解してからやろうとして途中で挫折する、（B）わからないままとにかく使って作品を完成させる、のどちらがよい結果かというと、当然ながら（B）のほうだと思うのだ。勉強は後からでもできるのだから。強制的に（B）の状態を実現するのが、締切の力だ。

いろいろな締切

連載を持てば締切に追われる生活を手に入れられるが、そういった機会がない場合は、こんな締切を作ってはどうだろうか。

Maker Faireなどのイベントに出展する

毎年1回参加するとしても、出展ごとに4作品持っていくとか決めておけば、その数だけ作品ができる。

定期更新のブログ／SNS／YouTubeチャンネルを作る

連載がなければ自分で連載を作ればいいのだ。なあなあにならないように、知人に更新がない場合はせかしてもらうよう頼んだり、罰金を支払う約束をしておくとよい。

発表日を宣言する

定期更新がむずかしい場合は、単発でもいいから「〇月〇日に新作をアップします！」と宣言するのも手だ。

コンテストに出す

定期的に開催されている電子工作やメディアアートのコンテストが国

内にもいくつかある。応募期限があるため、締切作りにぴったりだ。

作品を見せ合う会を定期開催する

もし知人に作品制作をしている人がいれば、定期的に作品を見せ合う機会を作ることで、締切ができる。大がかりな発表会でなくても、飲み会ついでに持ち寄る程度でもよい。相手は必ずしも工作をしている人である必要はないだろう。作曲をしている人、写真を撮っている人など、異ジャンルのクリエイターとでもこのような会は開催できるし、お互い刺激になるはずだ。

年賀状に作品を載せる

年に1回の締切だが、相手への近況報告も兼ねられてよい。

個展を開く

すでにいくつか作品がある場合は、自分で展示を企画するのもよい。たいていスペースが余るので、追加の作品をいくつも作ることになる。

ポイントとしては、自分が作品を作りたい数だけ締切を作ることだ。もちろん、回数が多ければ多いほど雑に作るスキルは高まっていく。また、上の例ではどの締切を選んだとしても、結果的に作品を人に見せることになる。そこで得られたフィードバックは次回作へのモチベーションにつながるはずだ。

やる気の出し方として私が実践しているのは「思いついたアイデアを誰かにやられたら悔しい」というマインド。実際にそういう経験はしたことがないのだが、「あ、これやろうと思ってたのに！」というアイデアがネットでバズっていたりするとなんだかせっかくのやる気が削がれてしまう。自分が一番最初にやりたかったのにとしょんぼりしてしまうのだ。なので、「思いついたからには誰よりも先に作るぞ！」という勢いを大切にしたい。〔F〕

1つの作品にこだわりすぎるな

次々に作品を生みだすためには執着なんかいらない

石川大樹

作品制作を続けていくための処世術的な心構えとして、「1つの作品にこだわりすぎない」、「作品を大切にしすぎない」というものがあると思っている。これは僕が自分の作品制作だけでなく、編集者としての職業経験からもそう感じるものである。

一作入魂ではなく次々と作品を作っていくことで、気軽に制作をすることができるし、制作ペースが上がって技術も身に付きやすいのだ。

雑に次々作る

以前、同じウェブメディア編集者の知人がこんなことを言っていた。曰く、ヒットした記事はみんな覚えているが、ウケなかった記事のことはみんな覚えていない。だから大量に記事を書いてたまにヒットが出るだけで、周囲からは「あの人は数々のヒット作を生み出した」と思ってもらえる、というものだ。

野球の世界では打率の概念があるので、たまにホームランを打ってもストライクをたくさん出していたら成績が悪くなってしまう。でも記事は別で、どんなにたくさん鳴かず飛ばずの記事があったとしても、いくつかヒット作があればヒットメーカーに見えてしまう。実は確率はあんまり関係ないのだ。
「つまらない記事を世に出したらつまらない奴だと思われてしまう」なんて、実はあまり考えなくていい。つまらない記事は誰も読まないから、誰の記憶にも残らないのだ。

これは記事に限らず、創作全般に言えることだと思う。だから作品制作していくうえで、少ない自信作を確実に作るより、思いついたものを雑でもいいからどんどん作り散らかしていくことをおすすめしたい。

といっても、「別に人にウケたくて作ってるわけじゃないから」という人もいることだろう。そんな人にとっても、次々作ることには多くのメリットがあることを説明していこう。

次々作る＝すぐ次のチャンスがくる

次々作るということは、すぐ次のチャンスがくるということだ。逆の例として「一世一代の最高傑作を作るぞ」と思って始めた制作だったら、それがもし失敗したら来世までチャンスがない。次々作る前提の制作であれば、たとえうまくできなかったとしても落ち込まないで、「ハイ、次！」の精神で気にせず次の作品に取りかかれる。

そうすると、作品制作におけるいろいろな精神的プレッシャーをすごく低くできるのだ。具体的にどんな効果があるのか、以下に説明していこう。

スパッとあきらめることができる

途中で失敗しそうなとき、気軽にあきらめやすくなることもメリットだ。みなさん、制作って途中であきらめていいって知ってましたか。

もちろん、うまくいかなかったときに別の実装方法を考えて少し粘ってみることには意味がある。でもそれも程度問題で、2ヶ月も3ヶ月もずっと立ち往生して身動き取れなくなってしまうと、それはもうさっさとあきらめて他のものを作ったほうがいいように思う。

ひとつの作品を大切に思いすぎていると、こういうときにスパッとあきらめることができない。逆に最初から「次々作るぞ」っていう気持ちで取りかかっていると、むしろ、「ここで立ち止まってはいられない、次の作品に行こう！」と前向きに切り替えられる。

作り始めのハードルを下げられる

さらにもう1つ、制作への取りかかりやすさにも影響がある。「絶対に傑作を作らねば」と意気込むと、その達成ハードルの高さからなかなか取りかかれないことがある。「うまくいかなかったらいつでもやめればいいか」くらいの気持ちでいると、なんでも気軽に作り始めることができる。その結果、実際に途中でやめることになっても、それはそれでいいのだ。

ウケなかったときのダメージを抑えられる

くわえて、執着をなくすことはダメージコントロールにも有効だ。作った作品をSNSなどで発表したとき、全然ウケないことはまあありがちである。ウケるために作ってるわけじゃないとしても、なんの反応もないとそれはそれで悲しいものだ。でもすぐに次の作品が控えていて、「ハイ、次！」って思えるのであれば、ダメージも少ないだろう。

次々と作った先に

こうやって制作活動のサイクルが加速していくと、いつかSNSでめちゃウケたヒット作が出て自信につながったり、たくさん作っているうちにいつの間にか使える部品が増えて技術がついてきたりする。そうするとますます高速で作品を作れるようになる。

それに、これはちょっと複雑な人間心理だが……制作スタンスとしてはけっこうドライに「ハイ、次！」で作っていったにもかかわらず、作った作品自体にはけっこう愛着が持てたりする。だからこれは決して、愛のない創作活動ということではない。あくまで身軽になるための処世術である。

私もたくさんの工作作品を次々と作るタイプだ。もう10年くらい続けている。そこで思ったのは、当たり前だけれど、作り続けることの大切さ。作り続けることで、日記みたいに「あのとき、こんなことを考えていたな」と過去の作品から読み取ることができておもしろい。あとは、自分自身の名刺を作ることができるという効果もある。作り続けることで、曖昧だった自分の「作家性」みたいなものが明確になってくる。〔F〕

イベントや発表会で作品デビュー

作品を丈夫にしてたくさんの人に見てもらうコツとワザ

石川大樹

せっかく作った作品は多くの人に見てもらおう。発表するのはインターネットでも対面でもいいけど、対面で見せるならおすすめは展示をすることだ。

日本にはMaker Faireを筆頭に、ニコニコ技術部コミュニティのNT、アート寄りのデザインフェスタなど、自分の作品を発表できる展示会がたくさんある。こういったイベントではたくさんの人に作品を見てもらえて生のフィードバックが得られるし、なにより表舞台に出ることで「やった」感が得られて次の作品へのモチベーションにつながる。

でも、目の前のこの雑な、家から持ち出したら2分で壊れそうな作品をどうやって展示したらいいのだろう。ここではそのためのノウハウを紹介していく。

まずは申し込む

何より大事なのはまずはイベント出展を申し込むことだ。気になるイベントがあったら出展者募集の時期をチェックして、カレンダーに書き留めておこう。申し込みが始まったらあまり深く考えず申し込むこと。イベントによっては抽選や審査があって落選する可能性もあるので、落ちる前提で気軽に申し込むといいと思う。そしてうっかり出展が決まってしまえば……おしりに火がついて10倍速で準備が進むはずだ。

構造をしっかりさせる

雑な工作はとにかくもろい。まずはテープで止めたふにゃふにゃの構造を補強していこう。マスキングテープで仮止めしている箇所があれば、布テープやダクトテープで止め直すと、かなりしっかりする。

ただし見た目が犠牲になるので、きれいに仕上げたい場合は、僕はボルト＆ナットを使うことが多い。M3くらいの小さなネジで各パーツを止めていく。パーツ同士を直接ボルトで止めるほか、ホームセンターに行くとＬ字やＴ字のいろんな金具があるのでそれを使ってもよい。3Dプリンターがあれば金具の代わりに樹脂製のものを自作できるので、買い物の手間が省けるだろう。

マスキングテープと同様に仮止めに使いがちな結束バンドは、意外に丈夫で本番でも通用する。作品が壊れるタイミングで一番多いのは運搬時なので、「押したり揺らしたりしても壊れない」を基準に補強していくとよいだろう。

動作の耐久性を上げる

運搬に耐えたとしても、展示しているうちに壊れて、「調整中」の札を貼らざるを得ないことがある（この場合、調整中というのは方便であって、実態は「壊れたのでもう動きません」だ）。

壊れるのは機械部品の耐久性が原因であることが多いので、単純に耐久性の高い部品に載せ換えるか、スペアを用意しておくとよい。

たとえばサーボモーターはギヤがプラスチックのものと金属のものがあり、前者はすぐにギヤ欠けで壊れるので展示の時は金属のものを使いたい。

3Dプリンターで作った小さい部品もわりと壊れがちなので、スペアを持っていったほうがいい。

また、事前の動作確認も大事だ。僕は以前、記事の撮影で2分ほど動かしただけの作品を会場に持っていったら、電圧の計算を間違えており、10分で部品が焼けて壊れたことがあった。家で10分くらいは動かしておくといいと思う。

分解→組み立てできるようにしておく

分解→組み立てできるようにしておくのには2つの理由がある。1つは運搬時にある程度ばらして持っていけると運ぶのが楽だし、破損もしにくいからだ。とくにマネキンの頭など、大きいパーツはつけはずしできるようにしておくといい。

もう1つの理由は、部品交換のため。スペア部品を持っていっても交換できなければ意味がないので、壊れやすい部品の周辺はバラしやすいように作っておくとよい。

先ほど構造の補強のところでボルト止めをすすめたのはこのためもあって、ネジなら何度でも組んだりバラしたりできる。ドライバーを忘れないようにしよう。多少グラグラ動いてもいいところであれば、マジックテープも付けはずしに便利な固定法だ。

よくつけはずしするところはマジックテープ固定にすると持ち運びにもメンテナンスにも便利

運搬時に壊れないようにする

分解だけが運搬事故対策ではない。

ブレッドボードで組んだ回路を運ぶときは、上からホットボンドでガチガチに固めてしまうと配線がはずれることがない。あるいはブレッドボードごとタッパーに入れてしまうのも有効だ。

基板に実装した銅線の根本がもげるのもありがちなので、対策しておくといいだろう。コネクタで抜き差しできるようにして運搬時は抜いて運ぶとか、こちらもホットボンドでガチガチに固めてもよい。

作品側に穴をあけて銅線を結びつけておくのもいいアイデアだ。

私はUVレジンを使って固めていたけれど、けっこうベタベタになります！〔F〕

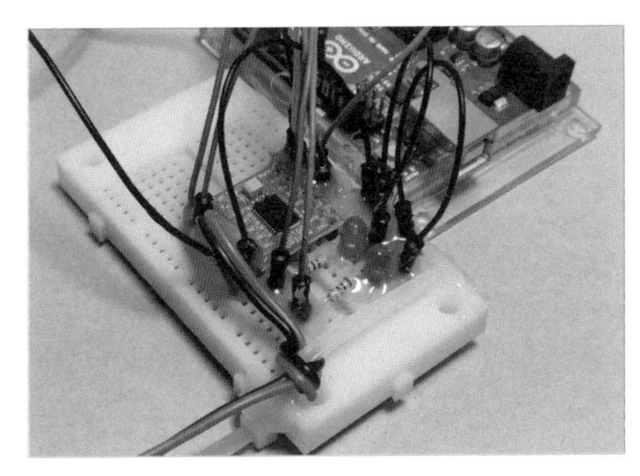

ブレッドボードをホットボンドで固めてはずれにくくしたもの。手前に伸びている長い線は引っ張ってしまいやすいため、結束バンドに結びつけて引っぱられてももげないようにしている

ちなみに雑な工作を宅急便で配送するのはかなりチャレンジングな行為なので、おとなしくスーツケースや大きめの紙袋で手持ち搬入するといいと思う。

工具や消耗品を忘れない！

組み立てのためのドライバーはもちろん、はんだごての使える会場であれば修理用のはんだごても持っていきたい。補修用のマスキングテープや結束バンドは何本あってもいい。

いちばん大事なのは、電源だ。乾電池で動かしているなら交換用電池は多めに持っていこう。

故障時の代替手段を用意する

もしかしたら、この代替手段の用意がいちばん大事かもしれない。作品が万全の状態で動かなくても、見せたいところだけ見せられるように対策しておくのだ。

- センサーの値を読み込んで動作する作品は、センサーが壊れてもいいように手動動作用のスイッチを用意しておく
- ネットワークごしに操作するような作品は、直接操作できるコントローラーをつけておく

これだけで、もし作品が故障しても「何も見せられない」という状態を防ぐことができる。さらに、まったく動かなくなってしまったときにそなえて、動いている様子を動画で見せられるように準備しておくとなおよい。最悪の場合でも、動かない実物+動きを見せられる動画の両方が目の前にあればそこそこ説得力が出る。

動画はスマホで見せると小さすぎて見づらいので、タブレットか、できればモバイルモニタが用意できると視野角が広くて見やすい。

デコイを仕込む

イベントには大人だけでなく子どもたちもやって来る。彼らの将来のためにSTEAM教育に協力してあげたいのはやまやまだが、子どもは既製品の壊れにくいデバイスに慣れているため雑な作品の繊細さを理解していない場合がある。

子どもが作品を壊すタイミングのナンバーワンは、ファーストコンタクトだ。遠くからテンションの上がった子どもがワーッとやってきて、訳もわからず作品を触って壊してしまうパターンだ。このような事態を避けるためには、子どもが手に取りたくなるビジュアルの「おとり」を用意しておくと有効だ。たとえば動物の形をしたマスコットや、ゲームのコントローラーを置いておくだけでも子どもはそっちに吸い寄せられて、

繊細な作品に触らなくなる（無意味に置いておくとブースが謎めいてくるので、うまく作品の一部に取り入れることを考えよう）。

いったん展示ブースの前に落ち着いた子どもは、あまり衝動的な行動をしないことが多い。そうしたらゆっくり説明しながら作品を見せてあげるといいだろう。

ゲーム機のコントローラーを改造した、Microsoft PowerPoint用プレゼンリモコン。展示したときは子どもがどんどん吸い寄せられていった

展示会でのプレゼンテーション

ここまで「いかに壊れないか」のノウハウばかり書いてしまった。最後に、来場者に作品を見てもらうためのノウハウについても触れておきたい。

まず、机に作品を並べただけのブースはハードコアすぎる。通りすがりの人が正体不明の作品に興味を持ってくれる確率はかなり低いし、作品を全部口頭で説明しようと思うと人がたくさん来たときに対応しきれない。そうならないために、ブースのセッティングについてやっておいたほうがいい順に3つあげる。

- （最低でも）「作品名」「なにをするデバイスか」くらいをパネル化して貼っておく
- （可能な限り）いくつかの作品は常時（あるいは頻繁に）動かしておく
- （できれば）作品を動かしていない間にも動作がわかるように、動画も流しておくとにかく最初の1つだけは絶対やっておこう。パネルといってもただのA4用紙でもいい。これを貼っておくだけでも人が足を止めてくれる確率がぐっと上がる。

立ち止まった人に対しては積極的に説明しよう。知らない人に話しかけると考えるとむずかしく思えるので、テープレコーダーになったつもりで無心で、「(あらためて) 何をするデバイスか」、「その動作原理」、「気に入っているところ／苦労したところ」あたりを説明する。そうするとたいてい一言感想を残してくれたり、質問してくる人も現れる。「写真撮っていいですか」なんて言われたりもする。そこで初めて対話モードに入ればよい。

ちなみにイベントで1日展示をすると同じことを何十回もしゃべることになるため、終了後には説明がめちゃくちゃうまくなっているはずだ。

慣れてきたら作家としての名刺を作って置いたり、作品のYouTube動画やSNSアカウントを表示できるQRコードを設置しておくと、あなたのファンになってくれる人が現れるかもしれない！

ブース設営については「Make: Japan」(makezine.jp) に「Maker Faireのブースの作り方 (よりよい来場者とのコミュニケーションのために)」というすばらしい記事が掲載されている。ぜひ一読してほしい。

「雑」はひみつにする

最後に、この本では工作の手法として「雑」という言葉を使っているが、これは一種の、内輪向けの合言葉のようなものだ。展示の場所では「雑に作りました」とは言わない方がいいだろう。一般的な用法の「雑」ととらえられてしまうと卑屈になっているように見えたり、作品の評価を落とすかもしれないからだ。

「雑」はあくまで制作手法の1つであって、ここまで磨き上げたあなたの作品そのものはとっくに雑の域を超えているはずだ。胸を張って「傑作」として展示してほしい。

外出先での緊急修理法

持ち運んで壊れても、修理ができたら問題なし！

ギャル電

がんばって完成させた工作を持ち歩いて、外で使ったりいろんな人に見せびらかしたりするのは、超楽しい。でも、雑な電子工作はめっちゃ壊れやすい。頑丈なものは適当にバッグに突っ込んで出かけられるけど、雑に工作したものは丁寧に持ち運んでもだいたい壊れる。それはしょうがない。壊れても現場で直せればだいたいオッケーじゃね？　ってことで、外出先で便利な修理道具や応急修理テクを紹介するよ。

外出先修理のポイント

出かけるとき、作るのに使った道具や材料を全部持って行ったら、壊れたものをだいたい直すことができる。でも、全部をそのまま持って行くのは、荷物が多くなりすぎてつらい。あらかじめ当日の予定のイメトレをして、修理用持ち物リストを作っておこう。

当日の予定のイメトレ

Maker Faireみたいに、ほかの参加者も電子工作をしている人が多いイベントに行く場合と、クラブみたいに電子工作が当たり前じゃないイベントに行く場合では、誰かに借りられたりするとか、会場で環境が用意されているとかの前提が全然違う。
　絶対に必要じゃないけどあると安心だなって修理用品は、外出先ですぐ手に入るか入らないかを判断基準にして持ち物リストから削っていくようにすると、荷物が減らしやすいよ。
　本気で荷物を減らしたいときには、家から出た後に目的地の近くや乗換駅の駅チカに、100均やホームセンターはあるのかをまずチェック。その商品が確実に手に入るのか、買う場合にかかる時間を予定に追加しても修理する余裕があるのかを前日までにイメトレして、予定に合わせた持ち物リストを作っとこ！

時間がないなら修理の優先順位を決める

　外出先の修理では、時間が足りなかったり道具や材料がなかったりして完全な修理がむずかしい場合もある。そういう場合はまず深呼吸して、修理する部分の優先順位を決めてこ！
　手持ちの道具や材料でどうしても修理できなそうな場合は、あきらめ＆切り替えのマインドが重要！　完璧に機能しなくていいから、最低限どこが動けば作品のイメージを伝えられたり、作品を使って楽しいことができたりするかを考えてみよう。
　たとえば、音センサーでLEDの光り方が変わるサンバイザーを作ったとして、音センサーが壊れて替えの部品もないって場合には、とりあえずLEDだけ光るように直したら一応電飾機能は充分に使って楽しめる。完璧じゃなくても、ハッピー！

電子工作になったら場所を慎重に選ぶ

　クラブや野外フェスみたいに電子工作がメインじゃない場所に遊びに行く場合、安定した電子工作環境を探すのはけっこうむずかしい。
　天気がよくて気持ちいい風が吹いている屋外で電子工作しようとすると、日差しの強さに目をやられたり、小さい部品が吹き飛ばされたりして全然集中できなかったりする。というか、遊びに行く人は作業をする想定がないので、まずいい感じの作業机やスペースがない。
　ってことで、外出先で修理する予定がある場合はいい感じの修理場所を探すことや、ちょっと作業しづらい場所で作業するテクニックを身につける必要がある。

作業場所を探すときのポイントは、できるだけ平らで広い作業スペースを確保すること。あと、他の人の安全に超注意すること。

ホットボンドやはんだごてみたいに使うと熱が出るものは、混雑している場所や人通りが多い場所で使うと危ない。はんだを溶かすと匂いと煙が出るので、狭くて空気がこもった場所やみんなが飲食している場所では使えない。工具を使っていいか迷った場合は、その場所を管理している人にはんだごてを使ってもいいか確認しよう。また、作業や工作をする前提じゃない場所では、机を傷つけたり汚さないように、必ずマットを使って作業をしよう。工作で出たゴミもちゃんと片づけて原状復帰が超基本だよ！

コンセントが必要だったり、熱や匂いや音が出る工具や修理方法は、場所によっては使えない場合があるから、ほかの方法での修理も考えておく必要があるよ。

作業スペースがなんとか確保できたけど、なんかめっちゃ作業しづらい！　ってときは、作業スペースの明るさをチェックしてみて。電子工作は細かい作業が多いから、ふつうに遊んでいるときには気にならない照明も作業するのには超暗かったりする。部品が見づらいなって思ったときには、スマホのライトとかで照らしながらやるとやりやすさアップすることが多いよ。

外出先で修理が無理な場合は、近くで修理できそうなスペースをチェックしておくって手もある。ギャル電は、予定先の近くのコワーキングスペースやカラオケボックス、漫画喫茶の情報をチェックしてるよ。

交換前提で作る

工具を使った修理ができない可能性が高いときには、壊れやすい部分ごと交換できるように準備しておくって手もある。

壊れやすい部分がある場合は、取りはずしのできるコネクタ付きの電線を使って作ったり、電子工作の部分だけ丸ごと取りはずしして、強力両面テープや強力粘着テープ、結束バンドとかの簡単に取りはずして交換ができるような設計で作っておく。

ブレッドボードで組み立ててる場合は、おなじ配線と部品で作ったブレッドボードをもう一個用意しておけば安心じゃん。もちろん、スペアの部品は家でちゃんと動くか確認しておくのも重要だよ。

外出先で役立つ修理アイテム(ギャル電の場合)

ギャル電は作品の内容、壊れやすさ、外出予定の場所で、だいたい次のような修理道具・アイテムの中からピックアップしてお出かけしてるよ。

工具・道具類

- はんだ関連——はんだごて、はんだごてケース、折りたたみはんだ台、はんだ線、はんだ吸い取り線
- 工具——ワイヤストリッパー、ニッパー、カッター、ハサミ
- その他——油性サインペン、工作マット、ごみ袋

修理に最低限必要なアイテムは工作の種類や内容によって変わると思うけど、わたしははんだ付け派なので、はんだ付けができる道具を一式荷物に入れておけば安心感が強い。はんだごては使うとしばらくコテ先が超アツくなって冷めるまでバッグにしまえないけど、コテ先をしまうケースがあれば、すぐ片づけられて移動できる。ケースは、はんだごてを持ち歩くときにあると超便利なアイテム。はんだごての台も外出先で代替のものが簡単に見つからないし、折りたためるタイプのはんだごて台はコンパクトでかさばらないから、外出用セットに入れておくといいよ。

外出先で電源が取れなそうな場合はモバイルバッテリーで動くタイプのUSBはんだごてっていう選択肢もある。よく外出先ではんだごて使うストリート電子工作派に、おすすめのアイテムだよ。工作マットは、地味に大事なアイテム。平らじゃない地面でとか、机を傷つけたり汚したりする可能性のある作業をするときには、工作マットがあればだいたい解決できる。

ニッパーやワイヤストリッパーとかの刃物類は全部持っていくと重い

から、工作にあわせて替えのきかない作業ができるもの、いちばん作業効率がいいものを選んで持って行くよ。

工具を使う作業をするときは、だいたい小さいゴミが出ることが多いから忘れずにゴミ用の袋を工具と一緒に入れておくと便利だよ。ギャル電はだいたいゴミ袋を入れ忘れるから、当日コンビニに寄ったときにレジ袋をゴミ袋用にゲットしてるよ。

接着・接合・調整アイテム

- マスキングテープ、グルーガン、ホットボンドの予備、ダクトテープ、強力両面テープ、結束バンド、安全ピン

外出先の修理で使う接着・接合アイテムは、できるだけ時間がかからないものを選ぼう。

マスキングテープは、あまり強度が必要のない貼りつけはもちろん、はんだ付けで部品をおさえて仮止めしたり、や配線がわからなくならないようにラベルのように貼りつけてメモする使い方もできるマストアイテム。電源が使えるところでは、破損なんかで少し作品が欠けてデコボコに段差ができてしまったときも隙間を埋められてすぐくっつく、ホットボンドも使いやすい。ホットボンドは、配線が取れやすそうなところの一時的な補強にも使えるよ。

ダクトテープや強力両面テープなどの粘着力の強いテープ類は、電源が使えない場所で頼れるアイテム。テープでうまく止められない場所は、結束バンドでまとめたり、穴をあけてくくりつける方法でくっつけることができる。

現場で動かしてみたら電線が長すぎてブラブラしたり、物に引っかかりやすくなっていることがわかっているときには、貼りつけたりまとめたりするためにテープや結束バンドが必要になることがある。いろんなサイズの結束バンドを修理グッズのなかに入れておくと、「助かったー！」って思うことが多いよ。

身に着けるタイプの作品の場合で、チェーンやベルトの長さが足りなかったり、逆に長すぎる場合の長さ調整にも、結束バンドは使えることがあるよ。

交換・修正用のもの

- 交換用——電池やバッテリー、電子部品（マイコンボード、モーターなど）
- プログラム修正用——パソコン、書き込み用USBケーブル
- 材料——電線、プラ板、段ボール板

外出先に電気街でもないかぎり、モーターやマイコンボードなどの交換用の電子部品が必要になったときに入手するのはとてもむずかしい。ドンキでArduinoが買えればいいのにね。長時間工作を動かす場合や、現地で絶対に動かないとヤバい場合は、予備の電子部品を修理道具に入れておこう。めっちゃ壊れやすかったり、修理する時間があんまりない場合は、面倒だけど電子工作の部分だけ丸ごとすぐに交換できるように作って用意しておくって手もある。

プログラムを直す必要がありそうな場合は、重くていやだけどパソコンと書き込み用のUSBケーブルは必ず持って行こう。USBケーブルは、確実に書き込みができるケーブルにマスキングテープとかでラベルをつけて充電用のケーブルと混じらないようにしておくと、いざってときにあわてないよ。

電池はコンビニで買うと100均と比べてとても高いので、事前に用意しておこう。

修理してると「ここなんか補強でちょい硬い板とか貼っとけばいんじゃね？」ってシーンが、ギャル電はけっこうある。簡単に切れて、ある程度硬い板がほしくなったとき用に、段ボールの板やプラ板を入れておくと便利だよ。

COLUMN

「雑」も「ヘボ」も「失敗」も、ぜんぶ価値がある

── 技術力の低さを愛でる「ヘボコン」のスピリット

石川大樹

僕は2014年から「技術力の低い人限定ロボコン（通称：ヘボコン）」というイベントを主催している。これが本書のコンセプト「雑に作る」を体現した……というか、濃縮して限界まで純度を高めたようなイベントなので、紹介したい。

ヘボコンはもともとロボコンのパロディとして始まったものだ。ロボコンでは電子工学やロボティクスの専門教育を受けた出場者がみずからの技術の粋を集めて戦うのに対し、ヘボコンではロボットを作る技術も根気もない人たちが、おもちゃを勘で改造したりしてなんとか作ってきた「自称・ロボット」で戦う。

競技内容は、前進さえできれば戦える「ロボット相撲」。それでも動かないロボットが続出する。手に汗握る戦いを見て熱くなるのではなく、赤子がよちよち歩きをするのを眺めるような、拙(つたな)さを愛でるイベントである。

冗談で始めたイベントだったが、2014年の文化庁メディア芸術祭にてエンタテ

対戦風景（ヘボコン2019より）

インメント部門審査委員会推薦作品に選んでいただいたのをきっかけに海外にも広がり、今までに25ヶ国以上、南極以外の全大陸で開催されている。おもしろイベントとしてだけでなく、STEAM教育の文脈でも評価していただいている。

ハプニングはヘボコンの醍醐味

ロボットの多くはタミヤ製のキットを使用して制作されるため、ヘボコンにおいてはタミヤは「武器商人」と呼ばれている。ただし、ただキットを組み立てて装飾するだけでなく、素人なりに改造してみたり、スマホを搭載してカメラ機能を持たせてみたりと工夫をする。そのせいでまともに動かなくなることもしばしば……というか、よくある。

ヘボコンがヘボいのは機体だけではない。まともに前進できない、相撲なのに自分で転ぶ、輸送のためにはずした配線が戻せない、電池を逆向きに入れる、試合直前にソフトウェアの自動アップデートが始まり戦えなくなる、ロボットを空港で没収される、ロボットを電車に忘れる……これらすべて実際に起こったハプニングだ。

技術力の低いイベントというと、こんな目標のもとに運営されることが多い。「今は技術が低いけどみんなで学びあって向上していこう」というような。しかしヘボコンは違う。技術力は低ければ低いほどおもしろい。むしろその拙さを、積極的に楽しんでいこうという方針である。失敗は成功のもとだから尊いのではない。失敗はそれ単体でおもしろいのだ、ということだ。

実は、ここでいう「失敗」も、ヘボコンの「ヘボ」も、そして本書のキーワードである「雑」も、ほとんどすべて同じものを指していると、僕は考えている。「たとえ実力が伴っていなくても作りたい気持ちのままに手を動かすこと」がそれだ。そして、それこそがものづくりの根源であると、僕は思うのだ。

その一助になればという同じ気持ちで、僕はヘボコンの運営をしているし、この本も書いている。だからヘボコンのスピリットの一部は、本書の読者にももしかしたら役に立つかもしれない。ヘボコンの公式サイトに掲載している「ヘボコンの心得」の中から、一部を抜粋しよう。

共著者であるギャル電は2016年に開催したヘボコン世界大会の最ヘボ賞タイトル保持者でもある。そのロボット「ポールダンスロボ・パーティーロックアンセム」は紙幣を射出し攻撃する予定だったが、操作をあやまり試合中には発動せず。試合終了と同時に大量の札を血しぶきのごとくばらまいた

ヘボコン初のアイドルロボットの触れ込みで登場した「ヘボ子」。試合開始とほぼ同時に転倒、その衝撃で首がもげるという非業の最期を遂げた

勝者は恥じよ、敗者は誇れ

敗北はヘボさの証です。試合に負けたときこそ、誇ってください。ただしわざと負けるのはダメです。本気で戦って負けるのが、真の「ヘボ」です。

すべての失敗は美しい

電池の方向を間違えてロボットが動かない、会場で修理をしようとしてよけいに壊す、会場に来る途中でロボットをなくす……などなど。すべての失敗はあなた自身の「ヘボ」の証です。ヘボコンでは高く評価されるでしょう。

他人のヘボをたたえよ

会場にはあなただけでなく、たくさんのヘボいロボットと、その製作者が集まっています。おたがいのヘボさをたたえあい、尊敬しあいましょう。

常にヘボを楽しむこと

ヘボコンを楽しんだあなたは、ヘボのすばらしさについて理解しました。これはヘボコンの会場内に限った話ではありません。ヘボコンの最終目的は「ヘボを楽しむ人生を手に入れる」ことです。

ヘボコンの会場を離れても、よく見るとあなたの身の回りにはたくさんのヘボい物があふれているはずです。その魅力に気づき、愛しましょう。

また、ロボット作り以外にも自分が不得意な活動に挑戦してみましょう。いままではうまくできなくて苛立つだけだった作業でも、いまなら自分自身のヘボさを楽しむことができるはずです。失敗することや、うまくできないこと、その愉快さをあなたは知っているわけですから。

ヘボコンは毎年夏に大会を開催しているほか、Maker Faire Tokyoをはじめとしたイベントや科学館等などでの出張大会、別の主催者による自主大会も行われている。ヘボコンの最新情報は、以下でチェックしてほしい。

「お父さんから生まれた尿管結石ちゃん」。制作者の父の尿管がモチーフ。紐を引くと中に仕込まれた結石をばらまくはずだったが、強く引っ張りすぎてロボットごと転倒し敗退

「ヘボコン」公式サイト | dailyportalz.jp/hebocon
Facebook | facebook.com/groups/DIY.gag
Discord | discord.gg/xhJEzPW5TZ
X（旧Twitter）（@HEBOCON） | twitter.com/HEBOCON
デイリーポータルZ | dailyportalz.jp

付録 1　パネルディスカッション

雑にやることが
世界を変えるかもしれない

本書の制作は、Maker Faire Tokyo 2022のステージプログラムとして実施されたパネルディスカッションをきっかけに始まった。そのディスカッション「雑にやることが世界を変えるかもしれない」は、「電子工作を雑にやること」や「雑にやってきた人が導く側に立つこと」をテーマに語られたもので、会場の聴衆からも多くの共感の声が集まることとなった。モデレーターは「ヘボコン」の主催者で読み物サイト「デイリーポータルZ」編集者の石川大樹、パネラーはギャル電、「無駄づくり」の藤原麻里菜、青山学院大学大学院特任教授の阿部和広の3名。本書の共著者陣と阿部先生が語り合った当日のステージの模様を、記録としてここに掲載する。

雑な先輩たちの登場

石川　昨年（2021年）、「無駄づくり」をコンセプトに活動する藤原麻里菜さんと、電子工作ギャルユニットのギャル電さんとが、電子工作本を出版しました。彼女たちは、専門教育を原点とせず、見よう見まねの技術で作品を量産してきたストリートの電子工作家たちです。さらに今日は、学生や子供たちを導いてきた阿部和広先生もお招きし、このパネルディスカッションでは「電子工作を雑にやること」「雑にやってきた人が導く側に立つこと」をテーマに話し合います。
モデレーターは、「デイリーポータルZ」の編集を本業にしている石川です。僕は、技術力の低い人のためのロボット選手権、通称「ヘボコン」の主催もやっています。このセッションはそもそも、私が個人ブログで書いたエントリー（302ページより掲載）が元になっています。それをオライリー・ジャパンの田村英男さんが読んで、「これをテーマに」となって、実現することになりました。
で、僕のブログのエントリーですが、それはここにいる藤原麻里菜さんとギャル電さんがほぼ同時期に本を出版したことはエポックメイキングな出来事だったのではないかと思って、したためたものです。ざっくりとその内容を紹介すると、10年前の電子工作はすぐ怒られる趣味だった……気がするんですね。ネットで質問すると怒られます。「そんなことも知らんのか」というキビしい注意が飛んできます。作品をアップしても怒られます。「この部品をそんな使い方するとはバカか」とか、ね。
これは何でなのかな、と考えると、このジャ

十年前の電子工作は
すぐ怒られる趣味だった

・ネットで質問すると怒られる
→そんなことも知らんのか

・作品をアップすると怒られる
→この部品をそんな使い方するとはバカか

仕事や専門教育で覚えた
ガチ勢がデフォルト

ンルは電子工作を仕事や専門教育で覚えたガチ勢が多数派だったからではないか、と思い至りました。そうした人たちにとって、知識がない、ものを知らないということは、勉強をしていない、勉強不足であると映っていたのだと思います。

そこに、雑に電子工作をする界隈が出現しました。ここにいる藤原さん、ギャル電さん、僕であったり、オモコロ編集部のマンスーンさんみたいに、「最低限の技術を、都度覚えて、雑な作品を作りまくる」制作スタンスの人たちです。みなさん、メディアに発表する関係もあるものだから締切に追われながら、締切に合わせてどんどん作っていきます。

この流れは脈々と続いてきていて、その中でも突出している藤原さんやギャル電さんが本を出したというのはエポックメイキングなことではないか、というわけです。なぜエポックメイキングかというと、2人は本を出して電子工作の先輩になったわけです。そして、「こんな雑な先輩はものづくりの大衆化に貢献するのでは？」と僕は考えるようになったわけです。「雑な先輩」がいることはものづくりの裾野を広げる効果があるだろうと僕には思えます。

雑に電子工作する界隈の出現

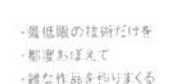

雑な先輩たちの活動あれこれ

石川　「雑な先輩のものづくり」について、少し考えてみましょう。前に述べたように、この人たちは「最低限の技術を、都度覚えて、雑な作品を作り」まくります。「最低限の技術で作る」ことは、最低限の技術しか持っていない初心者に対してのものづくりを促進します。「都度覚えていく」のは、要するにステップアップです。「雑な作品を作りまくる」のは、ちょっとしか技術のない人でも作品をどんどん作っていってよいのだ、インプットを超えるアウトプットを出していってもよいのだ、というメッセージにもなってものづくりを奨励していく効果があるでしょう。というわけで、初心者のステップアップに最適な入り口を彼女たちが作ってくれていると思います。

雑な先輩は
ものづくりの大衆化に貢献するのでは？

・最低限の技術だけを
・都度おぼえて
・雑な作品を作りまくる
⇨
初心者のステップアップに
最適では？

というのが今回の主旨で、僕の考えなのですが、長いこと教育に携わってきた阿部先生に「そのあたりどうなんですか？　本当にそうなんですか？」と聞きたいがため、阿部先生にも参加してもらっています。というわけで、ここからは順に自己紹介をお願いしていきます。まずは藤原さん。

藤原　私は「無駄づくり」という活動をやっているのですが、どんな無駄なものを作っているのか、ここから動画で紹介していきます。「パピコを1人で食べられるマウント」は、アイスのパピコをシェアする相手がいないので、1人で食べられるのを作りました。「会社を休む理由を生成してくれるマシン」は、理由を組み合わせて表示してくれるものです。「弟が

／朝起きたら虫になっていたため」みたいに理由が出ます。「オンライン飲み会脱出マシーン」は、この円形のものをサーボモーターとArduinoで動かしているだけなのですが、ローディング中に見える仕掛けです。本人の演技力やスキルなど、いろいろ試されるマシーンですね。

石川　これで、「あ、藤原さんが固まっちゃった」と判断された状況になったら退出するわけですね。

藤原　オンライン飲み会はやめどきがわからないですから、そういうときに便利かな、って作りました。「謝罪メールパンチングマシーン」は、Arduinoのマクロを使ってキーボード入力をしています。で、パンチすると謝罪メール文が自動的に打てます。「強制笑顔マシーン」もArduinoで作っていて、笑顔を作れるマシーンです。私はよく無表情だと言われるので、笑顔を作りたいなと作りました。「ゴミができあがるプラモデル」は、3Dプリンターで作りました。組み立てると丸まったティッシュペーパーになります。けっこう虚無が生まれるプラモデルですね。「グフ肩パッド」は電子じゃない、ふつうの工作。グフの肩のスパイクを応用したこれは、トートバッグが肩からずり落ちません。「Viniifanビニーファン」は、パソコンのファンを使って作っています。ビニール袋が風に舞うのをずっと見られるマシーンになっていて、けっこう癒やされるんですよ。「服がびしゃびしゃになるスプーン」も、3Dプリンターで作りました。これを使うとふつうのスプーンよりもっと水が拡散されて、服がびしゃびしゃになります。バージョンごとにモデル名を付けています。「＃1ナイアガラ」は、ナイアガラの滝みたいな感じ。「＃2暴れ馬」は、水が暴れます。「＃3スプーン・トゥ・ヘル」は、予測不可能に水が飛び散ります。「ヤンキールンバ」は、ぶつかるとヤンキー言葉の音声でキレてくるロボット掃除機で、「テメェどこ中だオラァ？」「ナメてんじゃねぇぞ」などと言うんですね。……と、このようなものを作っております。こんな活動を9年くらいやっています。

藤原麻里菜サイト（fujiwaram.com）「無駄づくり」より

石川　9年とは、けっこう長いですね！

藤原　ええ。9年間も、雑に電子工作をしてます（笑）。

石川　続いて、ギャル電さん、お願いします。

ギャル電　私はいつも自己紹介をプレゼンスタイルでやっています。今日もプレゼンでやりますね。どうも、ギャル電です！　ギャル電を知っている人も知らない人もいると思うので、まずは「ギャル電とは？」からいくね！今のギャルは電子工作をする時代だから、ギャル電は「ギャルによるギャルのためのテクノロジーを提案していくユニット」として活動してるよ。「そのうちドンキでArduinoが買える未来を夢見てる」ユニットなわけです。特に、「ドンキで〜買える」は、私たちのパンチライン。だってみんな、ドンキでArduinoが買えたらいいよね！　Maker Faireの前日、夜中の3時に買えたらいい！　ギャル電を応援すると、みんなにもメリットがあるよ。で、ウチらの情報。今はひとりだから「ウチら」も何もないんだけど、ギャル電は概念なんで「ら」です。ウチは、きょうこ。きょうこは元ポールダンサーで、電子工作はストリートで学んだよ。ストリート育ちなんだ。そんなこと言われても「で、ギャル電て何だよ」とはなると思うけど。

次は、「ギャル電てなに？」ね。ウチらは、ギャルコーデできる電飾を作っています。ざっくり言うと、作品としてはその時「作りてぇ〜」と思ったギャルコーデ向き電飾を作っているわけです。最近はこんな感じに、むちゃ、盛れてます。目標は、「渋谷のギャル、全員、光らす！」。なんでかっていうと、テクノロジーを民主化するとこうなる、って図がこれなのね。ギャルのバイブスで「とりまやってこ！」になると、印刷技術以来の発明のインターネットによる情報革命があったわけだけど、テクノロジーを使いこなすには知識が必要だとかムズいって感覚を飛び越えて「民主化」されて、ドンキでArduinoが買えたりして、世の中が便利になるの。で、この気候変動も激しい世の中、テクノロジーでサバイブしていこう、テクノロジーがあれば乱世もサバイブできるよ、って話なんです。みんな、すごいわかりみあるっしょ？

「得意なこと」としては、こう見えてギャル電は電子工作を教えるのが得意なんだよ。ウチらのワークショップに来た人はだいたい、はんだ付けができるようになって帰る。間違いない！　ワークショップで作る作品も、作ったらその日にそのままクラブに遊びに行けるやつだしね。意識の低いプレゼンも得意です。これは、Arduinoは種類がいっぱいあって覚えられないってことを、犬にたとえてざっくり説明した図。文字とかいっぱいあると見る気がしないから、かわいい犬でたとえてみたらわかりやすくなったんだ。

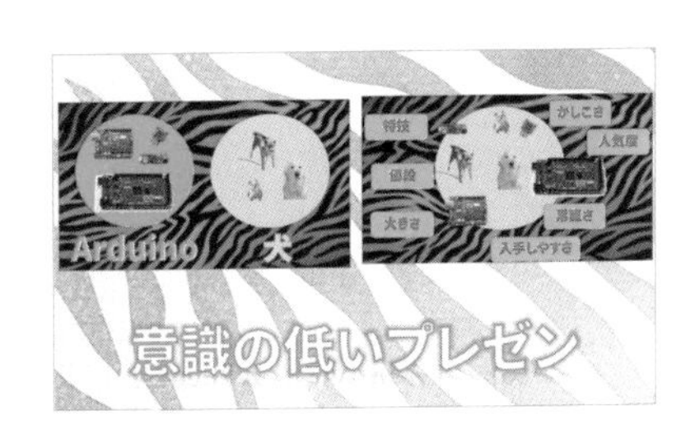

ウチらのスタンスとしては、「ちゃんとした知識と技術はマジリスペクトだけど、ウチらは今週末のクラブで LED光らせたい」というのがあります。知識や技術もリスペクトしていて、ちゃんとできる人もマジでスゴいと思っていて、個人のブログとかにいつも感謝してます。でもウチらは、とりま、今週末に光らせたい！　できれば、今すぐ！　抵抗値とか計算できないけど今すぐ光らせたいのね。そういうスタンスでやってるわけです。あと、「壊れても現場で直したらよくない？」ってこともある。実際、今日も光ってたサンバイザーの線が取れて光んなくなったから、あとで修理ブースに行かなきゃ。

ウチらの電源実装の写真も見てもらいましょう。この写真でわかると思うんですけれど、これは怒られます。これ、電車に置き忘れでもしたら一大事ですよ。でも、動くじゃん？　光るじゃん？　それでよくない？　燃えないし。電池だからね。気をつけるところは気をつけてます。

あと、みんなに伝えたいのは、「ホットボンドは永遠じゃない」ってこと（笑）。「補強と野生の絶縁」も大事。「追い接着剤」も大事。……というようなスタンスでやっているウチらで

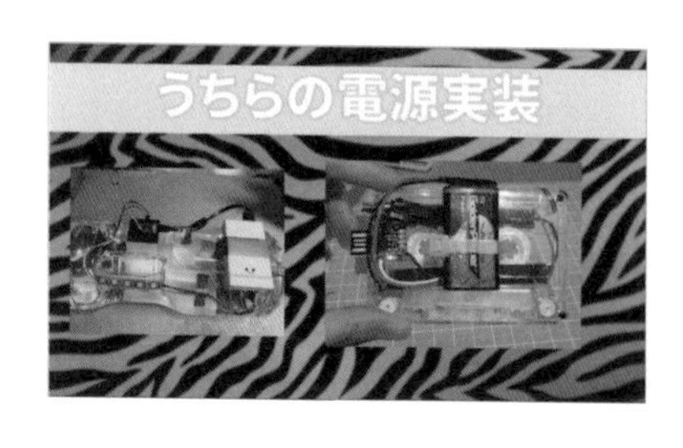

すけれど、ここまで見てきたみんなは、きっとこう思っているでしょう。「ちゃんとしてない電子工作、なんかこわい」。みんなちゃんとしているから、「ちゃんとしていないのはよくないよ」って話になると思うんだけど。こわいよねぇ、それはわかります。で、「まちがったらどんなことが起きる？」と思うとも思います。でもね、まちがったらどんなことが起こるかというと、だいたい、地味に動かないだけなんです。だから、だいたい地味にやっていこー、ということです。

それと、「手を動かしていないやつの意見はスルー」します。手を動かしていないやつになんか何を言われても「聞かねぇから」でいいわけです。つなげばだいたい光るし。「とりま、やるしかないでしょ」って感じでギャル電はやっているということです、はい。というわけで、よろしくお願いします！

石川　ストリート感あふれるプレゼン、ありがたいです！　次は阿部先生です。

阿部　青山学院大学の阿部です。30年くらい前の昔の話から始めますと、この頃は私もトガってました。自分がいちばんプログラミングがうまい、なんて思っていた時代があったんです。1990年代には「GrapherGear」というソフトの開発などをしていました。その後にアラン・ケイさんというパソコンの父に会って、「おまえは教育をやるのだ」みたいなことを言われて、道を踏みはずします。当時、「Squeak」というのがあったのですけれど、その日本語化をやったりしてました。さらに京都ではアラン・ケイプロジェクトというのが実施されて、京都の小・中・高校でプログラミングをやりましょうという活動に関わりました。

その頃、未踏ソフトウェア創造事業というのがあって、「世界聴診器」というセンサーデバイスを作りました。これは電圧を音の高さに変えるものなのですけれど、これを使って子どもたちにいろんなことをやってもらいました。これなどは、箱の中では段ボールの板がぐるぐる回っているだけです。それで光のセンサーに反応して音の高さが変わっていっているの。なかなかすごいでしょう？　その頃から私は小学校に行ってもヤバい授業ばかりやっていました。子どもに手形の面積を測らせたり。ほら、こざかしいコはすぐ「面積なんて知ってる」と言いますよね。円の面積、台形の面積は知っていても、「じゃ、キミの手の面積は？」となるとわからない。それで測らせてみたりしていたんです。

2000年代の後半は、CANVASなどのNPOや企業と活動を始めました。2007年からは「Scratch」が出て、日本語化をやりました。ただ、その頃はセンサーがよいのがなかったんですよ。レゴの「WeDo」がありましたが、これが高い。安くしたかったのでちっちゃいものくらぶにお願いして作ったのが、「なのぼ〜ど」です。こんな感じで安いレゴと組み合わせて、子どもたちと相撲をやったりしていました。考えてみると、これはヘボコンですね。2011年の東日本大震災の後は、復興支援で東北の小学校を回りました。プログラミングの授業をやると、いろんな感想を子どもたちが書いてくれます。それまでだったら先生が言ったことをやるというのがプログラミングでしたが、先生の言ったとおりにやらないヤバい子どもたちが出てきました。ネズミをネコより小さく、と言ったのに大きくしたりとか、1匹を100匹に、待ち時間1秒を0.001秒にするというヤツらが現れたわけです。これはスゴイと思ってたんだけど、私が東京に戻ってしまったらおしまいで、何も続かない。と、その頃にRaspberry Piが出ました。ラズパイを使えば全国に配れるのではないかと思い、グーグルにお願いして全国に配る活動を始めました。これは品川の小学校で1人1台、Scratchでプログラミングして工作をする時代がやってきた、というわけです。

あと、本も書いたりしていて、2013年には『小学生からはじめるわくわくプログラミング』が出版されました。これは累計14万部売れています。ありがとうございます。次は、テレビですよ。2016年に始まった厚切りジェイソンさんとの『Why!?プログラミング』(NHK) は、今もやっています。年に1回のスペシャルでは、アベ先生人形も出てきます。この番組の中で、世界聴診器の発展型の「いぬボード」を作りました。子どもたちにもっと広めなければと、雑誌の「子供の科学」では、2017年から「はじめよう ジブン専用パソコン」という連載をずっとやっています。それと、石川さんといっしょにヘボコンもやっています。2018年から各地の小学校に行っていろいろやっています。ほんと、子どもたちが作るものは、ヤバいとしか言いようがないんです。藤原さんのもギャル電さんのもヤバいんですが、子どもたちはもっとヤバい。この写真の右のやつなんて、文字で相手を威嚇するだけのものなんですよ。先生方はこういうことをバカにしがちなので先生にもやってもらいました。と、先生は全然できない。だから先生方も子供と学ばないとダメですよ、なんて授業もやっています。

個人的なものとしては、「リレータッチボード」というのをスイッチサイエンスさんに作ってもらったり。これが提案書です。これはクッキークリッカーをやりたかったんです。これで無限に打てるという、夢の装置が実現できました。これも大学の授業で使ってみたら……ね、ひどいでしょう? ビニールテープでガチガチに貼っている。でもこれでけっこう実用的なものができてしまって、スマホで電子書籍がめくれる装置(めくれーる君)を作ってしまっています。いい加減なものからこんなマジメなものもできてしまっている例として、こんなものがあります。

結論としては、「(コンピューターにはさまざまな特徴があるけれど) それ以上に重要なのは、これは楽しいものであり、したがって、本質的にやるだけの価値があるものだということだ」です。これはアラン・ケイの言葉なのですが、おもしろいんだからやればいい、ということです。ずっと私も、自分が楽しいことだけやればいいとやってきました。先ほども「教育をずっとやってきた」と紹介されたのですが、私個人としては自分がおもしろいからやってきたので、それ以上でもそれ以下でもない、ということです。今でもアランさんとは、楽しくやっています。

雑な電子工作の学び方

石川　ここからは「雑」ということについて、掘り下げていきたいと思います。雑といっても、僕が「雑」と言っているだけなんですけれど、要するに、藤原さんやギャル電さんがどうやって電子工作を覚えてきたかということに関係しているのではないかと思っています。まずは一言ずつ、どんな感じで電子工作を覚えたのかを教えてください。

藤原　え、どうだったなかな……たぶん、インターネットでその都度。それこそ石川さんのブログとかを読んで、こういう風にやれるんだ、と覚えたのかもしれない。コードをコピペして自分の好きなコードと組み合わせて、やりたいコードとコードを組み合わせて、それでうまくできるかどうかを試したり、みたいな感じですね。
石川　サンプルコードをがちゃがちゃ組み合わせて？
藤原　ここのif文のところを変えたらセンサーを違うの使っても同じようにできるかな、とか。そういうのでやってきた感じですね。
石川　そういうので10年近く……ですか？
藤原　ええ、10年。もっと勉強しろよ、ってことですけど（笑）。
石川　最近はどんな感じなんですか？
藤原　今はけっこう慣れてきてしまって、使うセンサーもモーターも似たようなものなので、わりとノウハウは溜まってきています。だから、検索して新しい部品を使って新しいコードを考えたりというのは、あまりなくなっちゃいましたね。
石川　ちょっと思ったのですが、傾向として、どんどんプログラミングに対する理解を深めてさまざまなことも理解するというよりは、使う部品を決めてそれに対する扱い方がわかったからオーケー、という感じにしていませんか？
藤原　そうですね。サーボモーターならサーボモーター、キーボード入力ならキーボード入力、そういうのを決めて……決めてというわけでもなくて。なんか、そんなところからアイデアを考えることも多いですね。
石川　はい。はい。
藤原　圧電素子とキーボード入力を組み合わせたらパンチで文章が入力される仕組みを作れるな、とか。どんなマシーンが作れるかな、みたいな感じで考えていくことがあったりしますね。
石川　深く理解していくよりも手駒を増やす、使えるものを増やす、そんな感じかな。
藤原　そう。なんだろ、道具みたいな感じ？プログラムをイチから書くんじゃなくて、「コードを手に入れたー！」みたいな。で、その手に入れたもので、たとえばサーボモーターなら角度とか、LEDなら光り方とか、ちょっとここの数字をイジったら変わるかな、とか。それを検索していって知識も深めていく。そんな感じですかね。
石川　なるほど。ギャル電さんはどうですか、そのあたり。
ギャル電　私もけっこう、今この部品が買えてこのテクが使えるから、ってところから、だんだんとインターネットの作例サイトでちょっとずつ範囲を広げていって覚える、っていうのでした。外で使うことが多いので、故障しなくて修理しやすいものの作り方をやってきたのかな。たとえば、100均のものって分解しても惜しくないじゃないですか。100円ショップで2,000円分くらい、分解できそうなものを買ってひたすらに中を見る、電池だけつなぎ替えてみるとかでテクを学んだりもしました。こざかしく、「検索」技術を上達させたりもしてきましたね。グーグル検索はめちゃめちゃうまくなりました。技術を勉強して体系的に覚えるというよりは、その場しのぎでやってきた、という感じです。

電子工作は急にムズくなる
――「間がない」問題

石川　都度調べるやり方だから、調べ方がどんどんうまくなるんだよね。
ギャル電　部品の名前とか、DeepLを使って英文にしてから検索してます。翻訳してから検索するとむちゃむちゃ引っかかるから。みんな、やってね！
石川　そういう手探り感でやってきている。電子工作の本を読み込んだりではなくて、都度都度の対応で。
藤原　でも、本は読みましたよ。それこそオライリーさんの『Arduinoをはじめよう』とか、読みました。読んで「なるほど」と思って、でもわからないなってなって。たいていLチカやって「なるほど」って思って、終わるの（笑）。
石川　そっと閉じて、置いておいて。

藤原　文章はあまり読まない。で、サンプルコードだけ取って、90度のところを180度に変えたらどう動くのかな、なんてやってみる。あと、ギャル電さんの言うように、日本国内の作例よりも海外のほうが壮大ですから。

石川　壮大？

藤原　何て言えばいいの？　いっぱい！　雑に言ったほうがいいですね（笑）。海外の情報はいっぱいあるから、英語にも強くなりますよね。

ギャル電　英語は、強くなるね！

石川　それ、僕も心当たりがある。英語を読む力だけがどんどん伸びるんだよね。全然しゃべれないのに。

藤原　わかる。しゃべれないのに、英語を読むのが苦じゃなくなる。YouTubeとかも「こういうことを言っているな」と聞けるようになってくる。

ギャル電　技術系のことなら雰囲気でわかるようになってくるんだよね。

石川　そうやって技術を身に付けてきた2人。それは僕が思うに、初心者が最初にやるときのやり方をずっと大切にしているとも言えるのではないかな。あ、成長していないみたいな言い方になっていたら、ゴメンなさい。決して悪意があるわけではありません。初心者の頃からのスタンスをずっと維持しているのではないか、と思うんですけれど。

藤原　それはどうなんですかね？　だって、自転車に乗れるようになったのも、本を読んで乗れるようになったわけではなくて、勢いで乗れるようになっただけだから。それと同じです。なんというか、目標達成に対するしつこさみたいなものはあるのかな、とは思いますけれど。

石川　そうか。ギャル電さんはどう思います？

ギャル電　ギャル電は、始めるとき明確に、「むずかしいことはやんねーぞ」って思ったんです。なぜかというと、電子工作をやってるってことで注目されると、みんなすぐに「初心者がこんなにむずかしいことをしている」ってところに価値を求めようとします。どんどんむずかしいことに向かうのが価値、みたいになっちゃう。でも、「そうじゃなくね？」派もいるんですよ。たとえば、私も電子工作を始めたときに本をめちゃ、買いました。そして読んでくと、「なんで急にそんなむずかしいことすんの？」になってしまう。間がなくて飛ぶんですよ。基本のサーボモーターを動かす、LEDチカチカさせる回路を試すとか、そういうところから急に飛ぶじゃないですか？　AIに顔認識をさせて反転させる工作、なんてのにすぐに飛んじゃうんだ。

石川　うん。うん。

ギャル電　「なんか、間がない」と思ったんです。逆に言うと、その間のところが狙い目なんですよね。ギャル電は、ずっと初心者とガチの人たちの間のところをやっていくことにしています。私なんかは、「ちゃんやらなくても動くよ」のスタンスでやってきているけれど、中間のところに需要もあるな、とすごく思っています。

石川　「間がない問題」は、たしかにありますよね。

藤原　なんか、電子工作って、名前からしてコワいですよ。Arduinoも名前がコワいですよ。ちゃんとやらないと大変なことになっちゃうんじゃないかという、怖さを感じさせる名前です。そして、石川さんが言ってたみたいにちゃんとやらないと怒る人たちもいるから、みんながちゃんとやるようになっていく。そうして成長した人たちの下、そこには層ができないんですよね。

石川　阿部先生も、この「間がない問題」を感じているのではないですか？　授業で基本はやるけれどもその次のステップが適切でないとか。そのあたりはどうですか？

阿部　実は私は、基本をやらないんです。お2人がお話ししているような行き当たりばったりのこと、それをやらせてみて、あとは自分でググって問題解決しなさいよ、とやっています。それを私は「教えない授業」と呼んでいるのですけれど、長期的に見るとそのやり方のほうが問題解決につながると思ってもいます。だって、基本を小・中・高と勉強してきたはずの大学生が、数学の公式を現実のものに当てはめられなかったりするんですよ。それならば行き当たりばったりでやったほうがよほどよくって、その結果として「昔習ったあの公式はこういうことだったのか」と気づく。そういうやり方は「ティンカリング」なんても言われていて、私たちはティンカリングを「やっつけ仕事」と言うようにしているんだけれど。むしろやっつけのティンカリングでやったほうがいいよ、というのが今の私の考えです。

石川　ありがとうございます。もうこれは、完全な結論が出ましたね。「雑な先輩がいることはものづくりの大衆化につながる」という仮説に、ほぼ「イエス」の答えが返ってきたようです。

誰だってハマってしまう ──「作りたいものがない」問題

石川　では、ここで技術の習得法についての話題はひとまずにして、次は技術の先の話にいきます。たとえば、サーボモーターを動かせるようになりました、センサー使えるようになりました、というのがあって、藤原さんもギャル電さんもやりたいことは明確です。その目的に対して知識を習得していくタイプなのだと思います。よくありがちなのが、技術を覚えたとしても「作りたいものがない」ことで、それが問題になるんですよね。そのあたりに対しての考え方、ヒントのようなのはありますか。

藤原　「作りたいものがない問題」には、私もすごく困っています。たまに作りたいものがない時間があって、そんなときにはすごくユウウツになるんですよね。で、そんな場合にどうしているのかというと、作りたくないものを作る、というのをやっています。たとえば、服がびしゃびしゃになるスプーンなんて、絶対にこの世に存在してはいけないものじゃないですか。そういうものを考えて、あえて作ってみたり。そんなことをアイデアの出し方として、私はやりますね。

石川　何が作りたいかと考えると別にないから、何があったらイヤか、そこを考えるということですね。

藤原　そうすると、おのずと雑になるんですよ。だって、きっちりと自分の中で「コレ」と考えたカッチリしたものではないから。ふんわりとしたアイデア、言葉だけで出ているアイデアを形にするときは手探りになるから、どうしても雑になります。技術も手探りで覚えながら形にしていく。ともかく、存在してほしくないものを作ってみるのはいいですよ。

石川　それ、なんかわかりますね。すごく参考になります。僕も昔、醤油をかけすぎてくれる装置なんかを作っていたけど、人が嫌がるものを作ろうとするとけっこう気持ちが愉快になります。

藤原　あまりそこ、愉快になってはいけない気もするけど（笑）。さすがに人をボコボコにする装置とかは作っちゃダメですよ。存在して欲しくはないけれどちょっと作りたいかもな、って程度のもの、あるはずなんですよね。

ギャル電　藤原さんの言っている「作りたいものがない問題」は、私もめちゃわかります。私の場合は、欲望を優先させているので、だいたいはそういうとき、おもしろそうなクラブイベントはないかな、と探すんですね。そのクラブイベントに行って、私がいちばん盛れている感じのアイテムはどうやったら作れるんだろう、とか考えます。クラブイベントにはテーマがあったりするので、そのテーマに合わせたアクセ、それを見た人が楽しくなって声をかけてくれるようなアイテム。コロナ禍でのイベントだと顔が出せない、声を出せないがあったから、それを雑に解決するアイテムを考えたり。それと、私はＳＦと異世界転生漫画が好きなので、ＳＦや漫画からアイデアをもらうと作りたいものが出てきて、それを作ったりしています。

石川　ギャルは異世界転生ものを読むんですね。

ギャル電　そう。最近読んだ異世界ホストクラブもの、最高によかったです。

藤原　ギャル電さん、けっこうディストピアを目指していますよね？

ギャル電　うん。ディストピアでサバイブする電子工作を目指していて、その空想の中で生きている感じはある。

石川　わかった！　ギャル電さんが行きたいクラブイベントを探すというのは、作りたいものが思いつかなかったらその上のレイヤー、自分は何をしたいかのかというところまで行ってそこから降ろしてくる、そんな感じなんですね。

ギャル電　そうですね。もともとの「楽しみたい」欲望から生まれるのは何か。そんな発想するともやっとしたものが固まりやすくなります。

石川　なるほど。阿部先生にもお聞きします。この「作りたいものがない問題」は、先生もいろいろな場面で遭遇していると思います。どんな解決法を取っていますか？

阿部　私がアドバイスをするときは、「子どもに戻れ」と言いますね。子どもの頃は何が好きだったのか、何を大事にしていたのか、何を作っていたのかを一度思い出してもらう。大人になればなるほど、これは役に立つだの立たないだの、余計なことを考えてしまうんですよ。そんなことは置いておいて、なぜあなたは子どもの頃に積み木を積んでいたのか、クレヨンさえあればいいかげんな絵を描いて遊べたのかなんて、そうしたまさに雑な作業の時点に戻るといいんです。そうした活動を最初に行う場合も多いです。

石川　今の自分で考えるのではなくて、生き物としての根源に戻って。というと、なんだか大げさすぎる気がするけれど……。

阿部　つまりは、「野生の思考」です。

石川　野生に戻れ、なんてのも雑につながるのですかね？

阿部　完全に「雑」の考え方でしょう。もちろん、雑であればあるほどよいとは言えません。最終的にできるものはやっぱりちゃんと動作してほしいので、そこは雑ばかりではいけないけれど、アイデアレベルで雑なのはまったくかまわないことです。

「雑に作っているわけじゃないのに雑になる」

藤原　私、思ったんですけれど、石川さんは私の作品を今日は「雑」「雑」って繰り返し言ってる（笑）。で、ワタシ的には、雑だとは思っていないんですよ。

石川　おっと（笑）。これは、僕が謝る時間になりますね。

藤原　私、自分の中では、たとえばこのマイクのようなちゃんとした製品みたいに、キレイに作っているつもりなんです。でも、なんだか雑になってしまっている。最初から雑を目指しているわけではない、というのはここで言っておきたい、はありますね。

石川　以前に、それと同じことを言われたことがあります。作品が「雑でいい」ってブログに書いたら、本人に「雑に作っているわけじゃないんだけどな」って言われた（笑）。

藤原　がんばって作ったんだけど、デザイン性のなさが目立つ仕上がりになっちゃっているのは自分でもわかるんです。このマイクならこの曲線、アールにこだわってデザイナーさんは作っていると思います。私なら、ここを直線で四角に作っちゃいます。そっちのほうが簡単だから、です。そういう自分に甘えたところがあるから雑になっちゃう、ってことなのかもしれない。

石川　僕なりにちょっと言い訳をすると、僕は技術力の低い人限定のロボコン、「ヘボコン」をやっているわけだけど、ヘボコンはどんな悪口を言ってもそれが褒め言葉になるんですよ。そういう環境において生きているから、つい褒め言葉として悪い言葉を使ってしまいがちではあります。

藤原　全然いいんですよ。私も「無駄づくり」と言っているので、「雑」でいいんです。自分に厳しくしてたらもっとカッコいいものが作れるとも思うんですけれど、自分に甘えているから雑になっちゃうんだと思うんです。

石川　逆に言うと、それは自分に甘えてもいいんだよ、ってことですかね？

藤原　そうです。

石川　ものを作るうえで修験者みたいにやらなくてもいいよ、ってこと？

藤原　そうです、そうです。それこそ、「怒る人がいるからちゃんと」なんてキビしく考えなくてよくて、自分がこれでオッケーと思うレベルでいいんじゃね？って。そういうやり方でいいと思います。

石川　テキトーでいい。テキトーとか言うとまたよくないけど（笑）。でも、それでいいんだよね。ギャル電さんが言う「ストリート」、僕の「雑」、藤原さんの「自分への甘え」は、通じるところがある気がします。同じものを指している気もするんですけど、どうですかね？

ギャル電　私は、「雑」と言われて納得するところがあります（笑）。ヘボコンでテクノロジーを学んだヘボコン出身者ですし。自分に甘いのは大事だと思うんです。甘いだけだと進まないこともあるけれど、「生きてててはんだ付けができただけでもエラいね」なんて、自分で自分の落ち込んだ気持ちを爆上げしたりもするんですよ。自分でLEDを光らせた人は、それだけでみんな人類としてエラいんだから、なんて風にも思う。とりま、やってみようよ、とそういう話だけはしておきたいですね。

石川　ここで時間もきたのでまとめます。最後に阿部先生、こういう雑な先輩がいることはものづくりの大衆化に貢献するでしょうか？

阿部　それは貢献するでしょう。実は、ウチの大学ではお2人の本を教科書として採用しています。そんなことからも役に立つのは自明です。

石川　ということで、この雑な先輩たちがこれからのものづくりに貢献して最終的に世界を変えるかもしれない、という到達点に着地しまして、このディスカッションを終了します。

［「Maker Faire Tokyo 2022」ステージプログラム（2022年9月3日）にて収録］

付録2 ブログ

雑にやることが世界を変えるかもしれない

前のパネルディスカッションでも触れられているように、「雑にやることが世界を変えるかもしれない」というフレーズは、石川大樹の個人ブログ（「nomolkのブログ」）に投稿された記事に端を発する。そのブログ記事（2021年9月17日初出）もここに掲載する。

2冊の電子工作本が発売された

7月と9月に立て続けに電子工作の入門本が出た。

7月に出たのが「無駄づくり」をコンセプトに活動する藤原麻里菜さんの『無駄なマシーンを発明しよう！ 独創性を育むはじめてのエンジニアリング』（藤原麻里菜著／技術評論社）、つい先日出たのが電子工作とストリートカルチャーの融合を図るギャル2人組・ギャル電の『ギャル電とつくる！ バイブステンアゲサイバーパンク光り物電子工作』（ギャル電著／オーム社）。この2冊がほぼ同時に出たのってすごいことだなと思っていて、個人的にはここで時代がカチっと切り替わったなという印象がある。

それを皆様にも感じていただきたいというのがこの記事の趣旨です。

（左）藤原麻里菜著『無駄なマシーンを発明しよう！ ～独創性を育むはじめてのエンジニアリング』（技術評論社／2021年7月発売） （右）ギャル電著『ギャル電とつくる! バイブステンアゲサイバーパンク光り物電子工作』（オーム社／2021年9月発売）

10年前、電子工作はすぐ怒られる趣味だった

電子工作という趣味はおもしろくて、自分で変なデバイスを勝手に作ったりできる。

いかに楽しい趣味であるかは以前書いたこの記事を見てほしい。

拙作「メガネに指紋をつける装置」

nomolkのブログ
id:slideglide
Hatena Blog
電子工作を趣味にすると何ができるようになるか（＋電子工作のはじめかた）
電子工作で作れるもの あまたある趣味の中で電子工作というのはわりに実利があるというか、日常生活で役立つシーンの多い趣味であるように思う。自分が電子工作に初めて触れたのは2009年で、ち…
2019-02-14 22:30

「電子工作を趣味にすると何ができるようになるか（＋電子工作のはじめかた）」（https://nomolk.hatenablog.com/entry/2019/02/14/223000）

楽しい趣味ではあるのだけど、この業界（？）って一種独特の雰囲気があって、かつてはそれが初心者にとっての参入障壁になっていた。やっているとなんか知らんがやたら怒られるのである。その雰囲気については過去の記事から、少し引用する。

〝電子工作の熟練者は学校や仕事で技術を覚えた人が多いため、技術のない者は「さぼっている」「勉強すべき」と捉える傾向があります。また、純粋なホビイストと比べてガチで勉強し短時間で技術を身に着けているため、自身が初心者であった時間が短く、初心者に感情移入しにくいです。そのため初心者が低レベルな質問をすると、「そんなこともわからんのにやっているのか」という感じですぐ怒られます。〟

危ないことをやっているならまだしも、質問しただけで怒られるのは意味がわからないし、作品をウェブに載っけるとすぐ「この部品をこんな使い方をするとはバカか」みたいな文句がついたりもする。初心者のモチベーションをそぐ雰囲気があった。

しかしここ10年ちょっとの間に3つほどインパクトのある事件があって、その状況もかなり改善されてきている。

1つ目は、「Makerムーブメント」と呼ばれる世界的なDIY活動が起きたこと。3Dプリンター等の機材と一緒に、ArduinoやRaspberry Piなど、初心者の扱いやすい電子部品がたくさん登場した。また日本ではオライリー・ジャパンの主催する「Maker Faire Tokyo」という作品展示イベントが大きく育ち、初心者が作品を作って展示するという行為をふつうのことにした。

2つ目は、IoTブームでソフトウェア業界から多くのハードウェア初心者が流入したこと。初心者の人数が増えることで怒る人の手が回らなくなり、全員に怒ることができなくなった。

3つ目が、今回紹介する2冊の本の登場につながる話。雑に電子工作をやるという界隈の出現である。

雑に電子工作をやるという界隈

なにごとも起源をたどると不毛な論争が始まってしまうものだが、個人的にはこの界隈の発祥はウェブメディア周辺だったと思っている（自分が当事者なので思いっきり贔屓目はあると思う）。

僕が「デイリーポータルZ」で醤油かけすぎ機とか、さっき貼ったメガネに指紋をつける装置とかを発表していたのが2000年代前半。

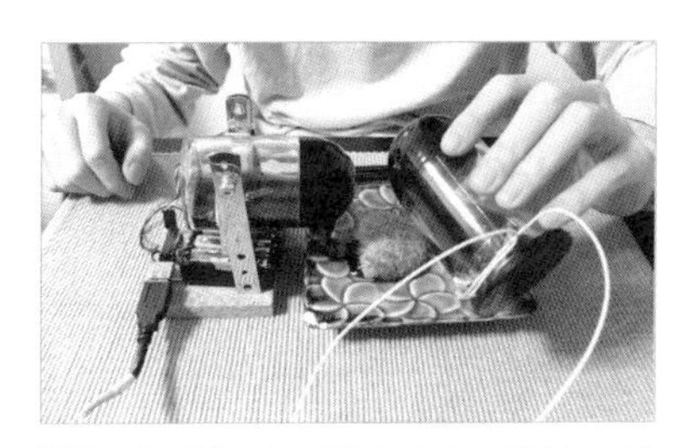

「醤油かけすぎ機」。右の醤油さしを持って醤油をかけると、左の醤油さしが自動的に動いて、醤油が2倍かかる

つい自分の作品を最初に出してしまったが、自分がオリジネイターであると言いたいわけではなくて、当時は同時多発的にこういう作品が生まれてくる状況だったと思う。

『無駄なマシーンを発明しよう！』の著者の藤原麻里菜さんはそのころYouTuberとして「歩くとおっぱいが大きくなるマシーン」を作っていて、これ自体は電子工作ではないんだけど、この後すぐに電子工作に手を出し始める。

「歩くとおっぱいが大きくなるマシーン」

「《つらい》お味噌汁を飲ませてくれるロボット」

あと、現オモコロ編集部のマンスーンさんが「ハイエナズクラブ」というサイトで「からあげくんロボ」を作っていたのもこの頃。

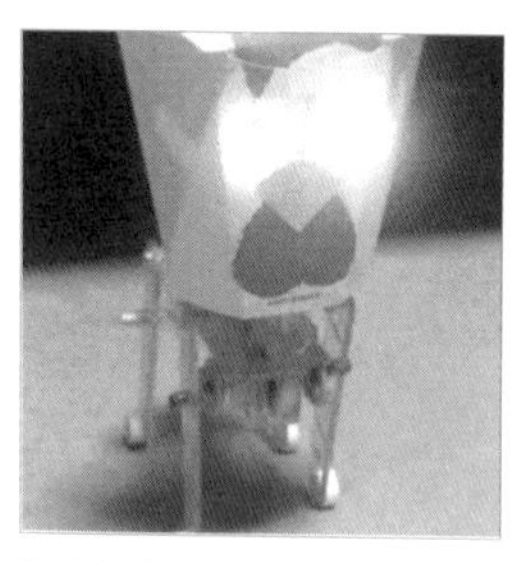

「からあげくんロボ」

若干時期はズレるが、太鼓を叩くクマのおもちゃをめちゃくちゃ速く改造していたのも一緒に語っていいと思う。

Twitter記事「太鼓を叩くクマのおもちゃにプラズマダッシュモーター入れて12Vで動かしたらめちゃくちゃ速くなった」

この界隈の特徴としては、「電子工作をふざけて作る」「めちゃくちゃ雑に作る」「技術のことがよくわかってない」をすべて満たしていること。列挙してみるといかにもこれは怒られるわという感じの属性の人たちであるが、反面で成果物としてはおもしろい作品をたくさん生み出していた。

「雑」はなぜ生まれたのか

さて、電子工作をふざけて作るだけであれば、たくさんの偉大な先人たちがいた。彼らはニコニコ動画にてニコニコ技術部と呼ばれていて、初期のMaker Faire（当時はMake: Tokyo Meeting）でも大きな一角を占めていた。

彼らを称賛するときに使われる言葉に「技術力の無駄遣い」というものがある。それが示すとおり、実際に技術力が高い、本業のハードウェアエンジニアだったり研究者だったり、しっかりした技術を備えている制作者（うp主）が多かったように思う。そういったしっかりしたバックグラウンドのある人たちが、どうでもいいことに全精力を注ぎこむと

FDDでルパン三世'78を演奏してみた。
FDDでルパン三世'78を演奏してみた。［技術・工作］前作 sm19770990 で「中身が見えればいいのに」とのコメントがありましたので、中身を出して演奏し...
www.nicovideo.jp 75 users

ニコニコ動画「FDDでルパン三世'78を演奏してみた。」(https://www.nicovideo.jp/watch/sm19798366)

【とある科学の超電磁砲】指先装着型コイルガンを作ってみた
【とある科学の超電磁砲】指先装着型コイルガンを作ってみた［技術・工作］●親指に装着できる小型の電磁的飛翔体加速装置です。●危ないことをやってますので、マネする場合は...
www.nicovideo.jp 28 users

ニコニコ動画「【とある科学の超電磁砲】指先装着型コイルガンを作ってみた」(https://www.nicovideo.jp/watch/sm8805114)

ころにおかしさがあった。

それと比して「雑」界隈の「めちゃくちゃ雑に作る」「技術のことがよくわかってない」は対称的であるのだが、なぜこんなことになったかというと、理由のひとつにニコニコ動画にはない「締切」の存在がある。

当時、僕は編集者の仕事は別にありながら2週に1本の締切を抱えていたし、藤原さんはYouTuberとしてそれ以上にハイペースでの動画投稿を求められていた。そういった状況の中で自然と「パッと手早く作ってパッと出す」創作スタイルになった。あとは技術スキルの面でもじっくり勉強してからネタにする余裕はなく、「とりあえず1つなにか覚えたら作品化して出す」みたいな感じで、とにかく低い技術力でも次々と作品を出していく必要があった。

……などと書くとまた不真面目な印象に磨きがかかるが、言い換えるとこうだ。我々は技術を学びたかったのではなく、新しいものが作りたかった、そのツールとして電子工作を使っただけなのである。

界隈の増殖とヘボコン

そうこうしているうちに、界隈は大きくなっていく。

ウェブ業界ではオウンドメディアの流行があって、ようは企業運営の読み物メディアが爆発的に増えた。そうすると同業者で同じように雑に電子工作を作る人たちが増えてきた。「デイリーポータルZ」内でも電子工作をやるライターが増えて、たとえばライターになる以前はわりと作り込んだ感じの作品を作っていた爲房新太朗さんが（締切に追われて）雑な電子工作を量産するようになったりした。ようこそ！

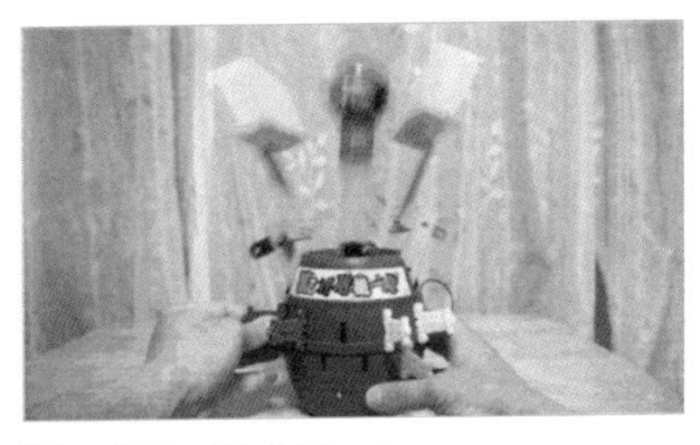

「黒ひげ危機一髪を救うやつ」

あとは「Twitterでバズる」みたいな概念が一般化することによって、（ニコニコ動画のように一本入魂でない）ちょっとした作品をパッと作ってパッとアップする人が増えてきた。

こうしていろんな要因があり人も増えたので、「界隈」とひとまとめに呼ぶことはむずかしくなってきた。むしろシーンとか、ムーブメントみたいな呼び方をしてもいいのではないか。とにかく雑に電子工作を作る人たちが増えてきたのである。

あと僕は僕で、2014年に「技術力の低い人限定ロボコン（通称：ヘボコン）」という活動を始めた。

これは締切に追われる形で雑に電子工作をやってきた／やっている人たちを見てきた僕が、「雑に作ること特有のおもしろさ」「できない人が無理やり作ること特有のおもしろさ」みたいなものがあることに気づいて、立ち上げたイベントである。

「うまくいかなさを楽しむ」ことを基本コン

「技術力の低い人 限定ロボコン（通称：ヘボコン）紹介動画（https://www.youtube.com/watch?v=YCx_scvzxNY）

セプトにしている。手前味噌にはなるけれども、これにより、初心者であること、完成度が高くないことを肯定的にとらえられる土壌を作れたと自負している。

「無駄づくり」という慈愛

……本の紹介をしようとしていたのに俺は自分の話ばかりしていないか？

なんか自分が「雑」界の先駆者であるかのように書いてしまったが、実際のところ僕はここ数年で新作を数えるほどしか作っていないし、とてもシーンを代表できる存在ではない。

いっぽうで当時から現在に至るまで圧倒的に多作で、シーンを牽引しているのが藤原麻里菜さんなのである。作品制作以外にも台湾で個展を大成功させたり、総務省の「異能vation」プログラムに採択されたり、圧倒的に活動量が多い。

「【ご報告】彼氏を作りました」（https://www.youtube.com/watch?v=FIm6p6KXbl4&t=1s）

彼女が活動初期からずっと掲げているコンセプトが、彼女のYouTubeチャンネルの名前でもある「無駄づくり」だ。

「無駄づくり」というコンセプトについて、本の前書き部分にこう書かれている。

- 無駄を大切にすることは、失敗を広い心で受け入れることなのです
- ふつうは失敗になるものも、「無駄づくり」では大成功
- 失敗が成功になることで、世界はもっと楽しくなる

技術力の低い人が雑に電子工作を10年近くやってきて至った境地であると思うと、人間という生物が持つ自己肯定力のたくましさに驚く。しかしそれと同時に、これは多くの人を包み込み、救う言葉でもあるのだ。特に最後の「失敗が成功になることで、世界はもっと楽しくなる」にいたっては、電子工作初心者のみならず、すべての人類を祝福する言葉であると思う。

かつて、電子工作は初心者が生半可に手を出すと怒られるものであった。

しかし、今は違うのだ。牽引者がこれほどの寛容さと包容力を持っている電子工作シーンが存在することに、まったくの新時代の到来を感じざるを得ない。そしてそれを作り上げてきたのもまた、彼女自身なのである。

（余談）僕はヘボコンで技術力や完成度の低さを肯定するための言葉として「ヘボい」を選んだのだけれども、彼女は「無駄」を選んだ。こうして言葉のチョイスは違えど、たどり着いた「成功だけを価値としない」思想は似ていて、僕は勝手にシンパシーを感じている。

ギャル電とストリート感覚

では、もう1冊の本の著者、ギャル電とは何なのだろうか。

ギャル電は電子工作をするギャル2人組のユニット（注：現在はきょうこさんの一人ユニット）だが、そのうち僕はきょうこさんと

親交があり、まおさんとはイベントで少し話した程度である。なのでここではきょうこさんについての言及がメインとなる。

彼女も雑シーンの人ではあるが、ネット出身の僕や藤原さんとはちょっと出自が違う。

2014年に開催したヘボコン第1回で、出場者として来てくれたのが当時未経験者だったきょうこさんだった。

ギャル電の初代「ポールダンスロボ」

このとき、きょうこさんは朝日新聞の取材に、
「前から作りたいと思っていて、これならヘボくてOKだし。案外、線をつないだら動くよ」
と答えていた。このよく言えばまったく気負っていない、悪く言えば完全に工作をなめている感じが、めちゃくちゃ良いなと思った。すべてのビギナーのスタンスはこうであってほしい。

それからなんか電子工作を始めたなと思ったら、まおさんという相方に出会い、ギャル電という看板を掲げ、ナイキのCMに出たりアシックスとコラボしたりして、あれよあれよという間に有名になっていった。

藤原麻里菜さんは、（あまりこういうことは言われたくないかもしれないけど）努力家である。とにかく仕事量が多いし、技術的にも今では電子工作以外にも3D造形とかずいぶんいろんなスキルを身に着けて、しかも英語と中国語まで同時にモリモリ勉強している。端的に言ってめちゃくちゃえらい。

それに比べるときょうこさんはすごく享楽的で、好奇心に突き動かされて動いているように見える。先日久しぶりに会ったところ、発生する乱数の偏りでお化けを探知するオカルトデバイス、ゴーストディテクターの話を1時間くらい延々話し続けていた。何年か前にはブッダマシーン（念仏を再生する装置）のチップがAliexpressで見つかったと言って、その場にいた人全員に配っていた。

ゴーストディテクターについては後日fabcrossで記事になっていた。サンバイザーが赤く光ると乱数が乱れている=霊がいるらしい（写真はサンバイザーとネックレスがセットになったゴーストディテクターのネックレス部分）

いつ会っても何か彼女的にホットなトピックがあって、その話を延々している。

世の中には広く勉強してから何かを作るタイプの人と、作るために必要になってから必要なものだけを勉強するタイプがいると思うのだけど、彼女は完全に後者である。一緒にいると、興味があることだけをやるぞというスタンスがビシビシ伝わってくる（その興味が異常な方向に向いていることが多いのがまたおもしろいのだが）。

それだけに、持っている技術もノウハウも、極端に実用に特化されていて、驚かされることがある。

ギャル電はよく「ストリートの電子工作」と言っているのだけど、あれは単にキャラづくりで言っているだけではなくて、きょうこさんのこういう実用本位のサバイバル志向の知識や知恵は完全にストリートのそれだなという感じがする。

また、そういうつまみ喰い志向なので技術スキルとしては完全体でなく、ちょっといびつなのもおもしろいところだ。先日はテレビの撮影現場で会ったのだけど、不具合を起こしたArduinoのソースコードを勘でコメントアウトしながら「こんど電子工作の本出すんスよ〜」と言っててめちゃくちゃ笑った。言ってることとやってることの不一致よ。（本の信頼性が落ちるといけないのでフォローしておくと、まおさんの方は工業大学の院生でむしろちゃんとした技術者だし、きょうこさん自身もちゃんと自分でコード書いてます！）

雑な先輩と、ものづくりの大衆化

そんな感じで、藤原さんもきょうこさんもいわゆるエンジニアリング畑の出身ではない、ふざけやノリで電子工作をやってきた人たちである。そういう人たちが電子工作の本を出してお手本になり、新たな電子工作趣味のエコシステムを構築し始めている。その脈動を強く感じるのだ。

僕も彼女たちも、電子工作を目的ではなくツールとして使ってきた。軸足を別のところにおいて、ツールとして電子工作をさっと使う、そういう使い方をする新世代が今後どんどん増えていくのではないかという気がしている。（あるいはこの文脈において「電子工作」という言い回しは大仰すぎるのかもしれない。「ハードウェアをちょっといじる」くらいの感じ！）

あと、もうひとつ注目すべくは「雑にやること」と「入門」の相性の良さについてだ。雑にやってきた人は手持ちの技術が少ないし、しかしながらその少ない技術を使い倒していろんなバリエーションの作品を作り出すことに長けている。

それは電子工作入門というフレームに当てはめると「初心者でも少し覚えればいろいろな作品が作れる」ということにつながる。雑な先輩の元では長期的な成長はできないが、スタートを切るには最適というか。それが浮き彫りになった2冊だと思う。

かつてMakerムーブメントはものづくりを民主化したと言われたが、彼女らの手によっていま巻き起っている第二波は「ものづくりの大衆化」と言ってもいい。

この２冊が同時期に出たのは全くの偶然だと思うけれども、すごくインパクトの大きなことが起こっているような気がするのだ。

電子工作に興味がある人は、ぜひ両方買って読み比べてほしい。俺のアフィリエイトリンクから。

ギャル電
@GALDEN999・フォローする
返信先: @GALDEN999さん
PCとマイコンボードをつなぐmicro USBケーブルはなんか目立つやつを書き込み用に用意しとくとケーブルが充電しかできないタイプで書き込みできないトラップ回避できるやつー
870
amazon.co.jp
エレコム マイクロUSBケーブル microUSB 急速充電対応 [いろんな表情...
■USB(Aタイプ:メス)のインターフェースを持つAC充電器やモバイルバッテリー、パソコンに、USB(MicroBタイプ:メス)のインターフェースを持...
午後5:44・2021年9月2日
25 返信 リンクをコピー
Twitterでもっと読む

Twitter記事「PCとマイコンボードをつなぐmicro USBケーブルはなんか目立つやつを書き込み用に用意しとくとケーブルが充電しかできないタイプで書き込みできないトラップ回避できるやつー」／最近スゲーと思ったノウハウ。ギャル電のTwitterはこういう実用的な情報が惜しげもなく流れてくる

それぞれの本の いちばん好きなページ

Twitter記事「藤原麻里菜さんの電子工作本『無駄なマシーンを発明しよう』読んでいますが、ショートの説明が写真入りで最高。かなり煙出てる」

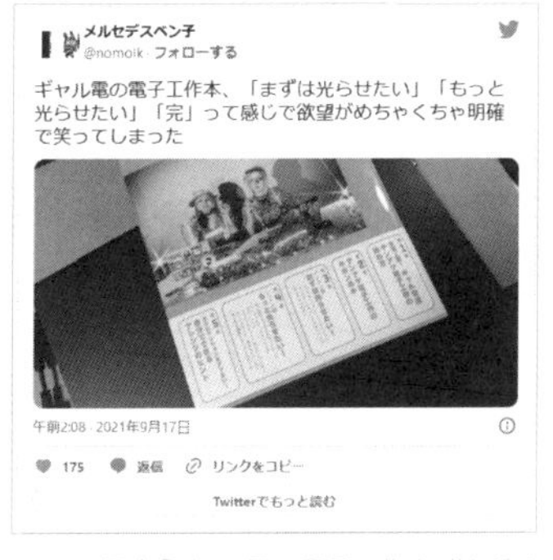

Twitter記事「ギャル電の電子工作本、『まずは光らせたい』『もっと光らせたい』『完』って感じで欲望がめちゃくちゃ明確で笑ってしまった」

[「nomolkのブログ」2021年9月17日エントリー記事「雑にやることが世界を変えるかもしれない『無駄なマシーンを発明しよう』『ギャル電とつくる！バイブステンアゲサイバーパンク光り物電子工作』」(https://nomolk.hatenablog.com/entry/2021/09/17/113000)より]

著者

石川大樹（いしかわ だいじゅ）

1980年岐阜県生まれ。DIYギャグ作家。本業は読み物サイト「デイリーポータルZ」の編集、ライター。電子工作で「しょうゆを自動でかけすぎる機械」「メガネに指紋をつける機械」などユニークな作品多数。2013年に渋谷ヒカリエで個展『メカ供養』を開催。2014年より「技術力の低い人 限定ロボコン（通称：ヘボコン）」を開催、現在はヘボコンマスターとしても活動し、大会運営に携わるとともにSTEAM教育の授業やワークショップなども行う。ヘボコンの活動により、「文化庁メディア芸術祭エンタテインメント部門審査委員会推薦作品」（第18回）入選。

デイリーポータルZ ｜ dailyportalz.jp
nomolkのブログ ｜ nomolk.hatenablog.com

ギャル電（ぎゃるでん）

2016年電子工作ユニット「ギャル電」として活動開始。日本の若者文化「ギャル」と電子工作を組み合わせた創作活動を行う。「今のギャルは電子工作する時代」をスローガンに、ギャルのファッションとDIYテクノロジーを融合し、クラブやパーティイベントでモテるためのテクノロジーを生み出し続けている。夢はドンキでArduinoが買える未来が来ること。著書に『ギャル電とつくる！ バイブステンアゲサイバーパンク光り物電子工作』（オーム社）。

X（旧Twitter）｜ twitter.com/GALDEN999
Instagram ｜ instagram.com/galdenshikousaku

藤原麻里菜（ふじわら まりな）

1993年生まれ。コンテンツクリエイター、文筆家。頭の中に浮かんだ不必要な物を何とか作り上げる「無駄づくり」を主な活動とし、YouTubeを中心にコンテンツを広げている。2013年からYouTubeチャンネル「無駄づくり」を開始。現在に至るまで200個以上の不必要なものを作る。2018年には国外での初個展「無用發明展 − 無中生有的沒有用部屋in台北」を開催、2万5,000人以上の来場者を記録した。総務省「異能vation 破壊的な挑戦部門」（2019年度）採択ほか。著書に『無駄なことを続けるために ──ほどほどに暮らせる稼ぎ方』（ヨシモトブックス）、『考える術 ──人と違うことが次々ひらめくすごい思考ワザ71』（ダイヤモンド社）、『無駄なマシーンを発明しよう！ ──独創性を育むはじめてのエンジニアリング』（技術評論社）。

無駄づくり ｜ fujiwaram.com

雑に作る

電子工作で好きなものを作る近道集

2023年10月20日　初版第1刷発行
2023年12月25日　初版第3刷発行

著者　石川 大樹（いしかわ だいじゅ）、ギャル電（ぎゃるでん）、
藤原 麻里菜（ふじわら まりな）

発行人　ティム・オライリー

編集協力　窪木 淳子
協力　吉田 知史、鴨澤 眞夫
カバーおよび著者似顔絵イラスト
藤原 麻里菜

デザインディレクション
中西 要介（STUDIO PT.）
デザイン　寺脇 裕子

印刷・製本　日経印刷株式会社

発行所　株式会社オライリー・ジャパン
〒160-0002 東京都新宿区四谷坂町12番22号
Tel（03）3356-5227　Fax（03）3356-5263
電子メール japan@oreilly.co.jp

発売元　株式会社オーム社
〒101-8460 東京都千代田区神田錦町3-1
Tel（03）3233-0641（代表）　Fax（03）3233-3440

Printed in Japan（ISBN978-4-8144-0049-2）